电子技术应用专业课程改革成果教材

电子技术技能实训

DIANZI JISHU JINENG SHIXUN

汪国伦　主编

U0306754

高等教育出版社·北京

内容简介

本书是中等职业教育电子技术应用专业课程改革成果教材，依据教育部颁布的"中等职业学校电子技术基础与技能教学大纲"，同时参照有关的国家职业技能标准和行业职业技能鉴定规范编写而成。

本书主要内容包括简单照明电路的安装、电阻器的认识与测量、电容器的特性、电感器的电流惯性、二极管的特性与应用、三极管的基本特性与简单应用、直流正反馈电路、直流负反馈电路（稳压电源）、基本信号放大电路（开环放大）、交流负反馈放大电路、功率放大电路、集成运算放大器、振荡电路、555 时基电路、大功率直流负载的开关控制、逻辑门电路、组合逻辑电路的设计、集成触发器、时序逻辑电路设计以及综合电路的设计。

本书可作为职业院校电子技术应用专业的实训教材，也可作为相关专业技能高考教材。

图书在版编目（ＣＩＰ）数据

电子技术技能实训 / 汪国伦主编. − −北京：高等教育出版社，2018.11
  ISBN 978−7−04−050613−6

  Ⅰ. ①电… Ⅱ. ①汪… Ⅲ. ①电子技术−中等专业学校−教材 Ⅳ. ①TN

中国版本图书馆 CIP 数据核字（2018）第 213035 号

策划编辑 陆 明　　责任编辑 李葛平　　封面设计 张 志　　版式设计 马 云
插图绘制 于 博　　责任校对 刘娟娟　　责任印制 耿 轩

出版发行	高等教育出版社	网　　址	http://www.hep.edu.cn
社　　址	北京市西城区德外大街 4 号		http://www.hep.com.cn
邮政编码	100120	网上订购	http://www.hepmall.com.cn
印　　刷	北京市白帆印务有限公司		http://www.hepmall.com
开　　本	787mm×1092mm　1/16		http://www.hepmall.cn
印　　张	16.5		
字　　数	400 千字	版　　次	2018 年 11 月第 1 版
购书热线	010−58581118	印　　次	2018 年 11 月第 1 次印刷
咨询电话	400−810−0598	定　　价	34.00 元

前言

本书是中等职业教育电子技术应用专业课程改革成果教材，依据教育部颁布的"中等职业学校电子技术基础与技能教学大纲"，同时参照有关的国家职业技能标准和行业职业技能鉴定规范编写而成。

职业教育重要目标之一是培养学生的综合职业能力，是面向全体学生的技能型教育，而综合职业能力是在完整工作过程中不断积累并逐步形成的。因此，本书力求体现学以致用的思想，既考虑知识结构，更重视生产生活中的实际应用，让学生在实际电路的制作中体验成功、激发兴趣、感知规律。

为竭力体现"做中学"的思想，本书按照实际的电子项目编排，这些项目既有相对的独立性，又有内容的连贯性，项目的选择具有极强的可操作性，即每一个项目都经过实际检验，保证能够调试成功，并配有实操图片，可供学生制作电路时参考。

本书最大的特点是深入浅出，无论是项目的排序，还是每个任务内容的编排，编者试图以最通俗化的语言，最直观的电路实验，化微观为宏观，化抽象为具体，让所有对电子技术有学习需求的读者，实现从入门到精通的飞跃。

作为一名电子技术专业的学生，不能只知道怎样把焊点焊得如何漂亮，还应该对电路原理有充分理解，能根据实际需求合理设计电路。为此，编者并不忽视对基本原理的论述，同时非常注重实际问题的解决，在每个任务内容中都有知识问答环节，对完成任务过程中可能出现的基础理论、电路安装、实际调试问题进行解答。

当然，考虑到学生的实际情况，本书对偏难、偏深的理论内容做了精简，以满足多数读者希望快速入门的需求，有进一步学习要求的读者可通过专业的理论教材进行补充。

本书由汪国伦主编，编者具有三十年的一线教学经验，同时在工业产品研发上积累有相当的经验。参与本书编写的还有林如军、陈定定、马侬科、童叶群。

鉴于编者水平、经验有限，书中的疏漏及不妥之处在所难免，恳请读者、同仁予以指正。

编 者
2018 年 5 月

目录

项目 1　简单照明电路的安装 ·····················1
　　任务 1　单开灯控电路的安装 ···············1
　　任务 2　双联灯控电路的安装 ···············5
　　任务 3　简单家用电路的安装 ···············8
项目 2　电阻器的认识与测量 ·····················12
　　任务 1　各种电阻器的测量 ·················12
　　任务 2　电饭煲构造与电路研究 ···········17
项目 3　电容器的特性 ····························23
　　任务 1　电容的充放电特性研究 ···········23
　　任务 2　电容的隔直通交特性 ·············29
项目 4　电感器的电流惯性 ·······················32
　　任务 1　电感器的自感现象 ·················32
　　任务 2　荧光灯的原理与安装 ·············36
项目 5　二极管的特性与应用 ····················40
　　任务 1　二极管的单向导电性 ·············40
　　任务 2　二极管正向特性的研究 ···········42
　　任务 3　稳压二极管稳压值的测定 ········45
　　任务 4　单相桥式整流电路的制作
　　　　　　与测试 ····························48
　　任务 5　滤波电路作用研究 ·················52
项目 6　三极管的基本特性与简单应用 ·······56
　　任务 1　三极管的基本特性研究 ···········56
　　任务 2　三极管断线报警电路的制作 ·····62
　　任务 3　三极管水敏控制电路的制作 ·····64
　　任务 4　三极管控制的延时灯电路
　　　　　　的制作 ····························68
　　任务 5　延时灯电路的制作 ·················71
项目 7　直流正反馈电路 ·························74
　　任务 1　按钮开关电路 ·····················74
　　任务 2　双稳态电路的制作 ·················77
　　任务 3　调光灯电路的制作 ·················79

项目 8　直流负反馈电路（稳压电源）·····87
　　任务 1　简单稳压电路的安装与测试·····87
　　任务 2　串联型稳压电源的制作 ·········90
　　任务 3　用 7805 与 7905 制作正负双路
　　　　　　稳压电源 ·························93
　　任务 4　三端可调式集成稳压器的制作
　　　　　　与调试 ···························98
项目 9　基本信号放大电路
　　　　（开环放大）····················103
　　任务 1　固定偏置信号放大电路 ········103
　　任务 2　分压式信号放大电路 ··········109
项目 10　交流负反馈放大电路 ·············114
　　任务 1　负反馈放大电路安装与调试·····114
　　任务 2　共集电极放大电路
　　　　　　（射极电压跟随器）··········119
项目 11　功率放大电路 ······················123
　　任务 1　双电源功率放大电路 ··········123
　　任务 2　单电源互补对称式功率放大
　　　　　　电路（OTL）················128
　　任务 3　LM1875 集成功率放大电路的
　　　　　　安装与调试 ···················131
项目 12　集成运算放大器 ···················134
　　任务 1　反相输入比例运算放大电路
　　　　　　安装与测试 ···················134
　　任务 2　同相输入比例运算放大电路
　　　　　　安装与测试 ···················142
　　任务 3　集成运放的单电源接法 ········145
　　任务 4　简易光控灯的安装
　　　　　　（集成运放的非线性应用）·····148
项目 13　振荡电路 ···························151
　　任务 1　简易报警电路的制作 ··········151

任务 2　闪烁灯电路 ·················· 154

任务 3　集成运放闪烁灯电路 ······ 158

任务 4　集成反相器组成的多谐
　　　　振荡器 ······················ 161

任务 5　RC 桥式振荡电路 ············ 165

项目 14　555 时基电路 ·················· 170

任务 1　楼道延时灯电路 ··········· 170

任务 2　555 多谐振荡器 ············· 174

任务 3　用 555 时基电路制作
　　　　"叮咚"门铃 ·············· 177

任务 4　用 555 时基电路制作
　　　　直流升压电路 ············ 179

项目 15　大功率直流负载的开关控制 ······ 182

任务 1　水敏感应电动机控制
　　　　电路的制作 ··············· 182

任务 2　电动机转速控制电路 ······ 185

项目 16　逻辑门电路 ······················ 189

任务　与门电路的制作与测试 ······ 189

项目 17　组合逻辑电路的设计 ·········· 194

任务 1　三人裁判电路 ··············· 194

任务 2　编码电路的安装与调试 ······ 197

任务 3　3 线-8 线译码电路的制作
　　　　与调试 ······················ 201

任务 4　译码显示电路的安装与调试 ······ 205

项目 18　集成触发器 ······················ 210

任务 1　RS 触发器的制作与验证 ······ 210

任务 2　JK 触发器的功能验证 ······ 214

任务 3　用 D 触发器制作 LED
　　　　触摸灯 ······················ 218

任务 4　用 JK 触发器制作四路
　　　　输入抢答器 ················ 221

项目 19　时序逻辑电路设计 ············· 225

任务 1　计数译码流水灯 ············ 225

任务 2　1 位十进制计数、译码显示
　　　　电路的制作 ··············· 231

项目 20　综合电路的设计 ················ 235

任务 1　流水灯电路的制作与调试 ······ 235

任务 2　流量计电路的制作 ········· 239

任务 3　方波、三角波、正弦波发生
　　　　电路的安装与调试 ········ 242

任务 4　热释电红外开关 ············ 248

任务 5　六路电子抢答器的制作 ······ 253

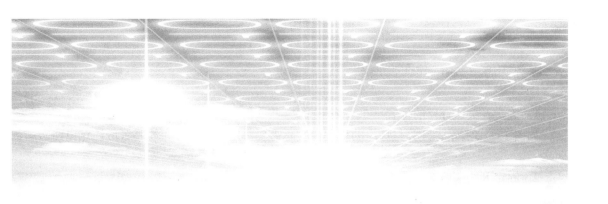

项目 1

简单照明电路的安装

任务 1　单开灯控电路的安装

★ 任务目标

1. 学习照明电路的基本布线方法及注意事项。
2. 学习安全用电的基本要素。

★ 任务描述

实现图 1-1-1 所示单开灯控电路（一个开关控制一个电灯电路）的安装，要求接线规范、布线美观、功能正常。

★ 任务分析

单开灯控电路是最常见的照明电路，由一个开关控制一个电灯。从电路可看出，相线（俗称火线）先进开关，然后接电灯，经电灯后接中性线（俗称零线）。由于电路涉及 220V 民用交流电，故安装必须

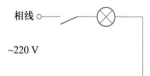

图 1-1-1　单开灯控电路

相当规范。

★ 任务实施

1．确定开关、灯座的位置

如图 1-1-2 所示，开关与灯座的位置由实际需要决定，在实际布线时，应注意电路防潮、防水。

2．固定开关底座（如图 1-1-3 所示）

图 1-1-2 确定开关和灯座的位置　　　　　图 1-1-3 固定开关底座

3．连接开关线

（1）认识导线

如图 1-1-4 所示，铜芯线内部为铜导体，外皮为绝缘体。

（2）认识开关

图 1-1-5 所示为两个接线柱的开关外形与图形符号，其实质为单刀单掷开关；图 1-1-6 所示为三个接线柱的开关外形与图形符号，其实质为单刀双掷开关。

图 1-1-4 导线

图 1-1-5 两个接线柱的开关外形与图形符号　　　图 1-1-6 三个接线柱的开关外形与图形符号

（3）铜芯线与开关接线柱的连接

如图 1-1-7 所示，为保证接线可靠，必要时可把铜芯线折弯后再接到接线柱上。同时，接线时螺钉不能压到绝缘皮，接头露铜约 2mm，不能太多。开关接好后效果如图 1-1-8 所示。

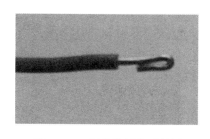

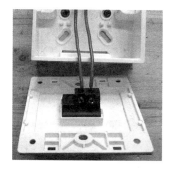

图 1-1-7　铜芯线折弯后效果　　　　　　　图 1-1-8　开关接好后效果

（4）开关错误的接法

图 1-1-9 所示的接法，无论开关打到哪一位置，上、下两个接线柱都不相通。

4．接灯座

如图 1-1-10 所示，相线经开关后连中心接线柱，中性线接旁边的接线柱。接好后固定灯座，如图 1-1-11 所示。应注意的是因中心接线柱与旁边接线柱的距离较近，要防止导线短路。

图 1-1-9　开关错误的接法　　　　图 1-1-10　灯座底部接线　　　　图 1-1-11　灯座固定后的状态

5．接电源

（1）切断总电源。

（2）红色导线接相线，可靠连接后用绝缘胶布扎紧。

（3）蓝色导线接中性线，同样在可靠连接后，用绝缘胶布扎紧。

6．通电实验

装上灯泡，接通总电源，打开开关实验，若接线正常，能看到开关闭合灯亮，断开灯灭。

★ **实验室安装**

为方便同学们实际操作，我们把电路改动成图 1-1-12 所示形式，即把接电源的两根导线改为插头。

（1）接插头

如图 1-1-13 所示，铜芯线应顺时针方向嵌入，再夹紧，最后拧紧

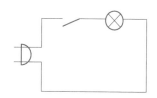

图 1-1-12　改动后的电路

螺钉。如逆时针方向嵌入，则在拧螺钉过程中，导线容易松开（注意连接插头一般用多股软铜线，图中导线只作临时使用）。

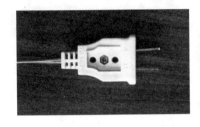

图 1-1-13　插头的接线

电路安装完成的效果如图 1-1-14 所示，电路中的导线应横平竖直、直角转弯，所有外部的走线不应有露铜，同时也不要有分叉的接线。

安装完成的开关应能从底盒里拉出约 15cm 的导线，如图 1-1-15 所示，以便于日后的维修。

图 1-1-14　电路安装完成的效果　　　　图 1-1-15　从底盒里能拉出约 15cm 长的导线

（2）用万用表电阻挡测试，有无短路情况

正常的电路开关断开时电阻为无穷大（如图 1-1-16 所示），开关接通时，有一定的电阻（如图 1-1-17 所示）。

图 1-1-16　开关断开时电阻为无穷大　　　图 1-1-17　开关接通时有一定的电阻

（这里显示 0.93kΩ，即 930Ω）

（3）通电试验

电路连接成功的效果如图 1-1-18 所示，开关闭合灯亮，断开灯灭。

图 1-1-18 电路连接成功的效果

★ 知识问答

1．我们看到的导线为什么要有绝缘皮？

答：导线除了中间的导体外，周围的绝缘体非常重要，首先是防止人体接触导体而发生触电事故，其次是防止多条导线靠近时碰线短路。

2．接线时常把导线头折弯是什么目的？

答：这样做的目的是导线与接线柱压接时，防止接头松动脱落。

3．为什么要相线进开关？

答：相线进开关可使开关断开后，后面的电路不再带电（相对于大地无 220V 电压）。

4．为什么要相线接灯座的中心接线柱？

答：相线接灯座的中心接线柱是因为中心接线柱手不易接触到，相对安全。

5．从底盒里拉出来的导线保留 15cm 左右的长度有什么用？

答：导线保留 15cm 左右可拉出的长度是为了以后检查维修方便。

6．图 1-1-19 所示是某同学连接的电路，试分析为什么我们不推荐这种装法？

图 1-1-19 电路实例

答：实际使用中，若采用这种装法，将使相线、中性线独立走线，增加开线槽工作量，并使线路杂乱。

任务 2 双联灯控电路的安装

★ 任务目标

1．学会双联灯控电路的安装。

2．学会家用电路安装的基本规范。

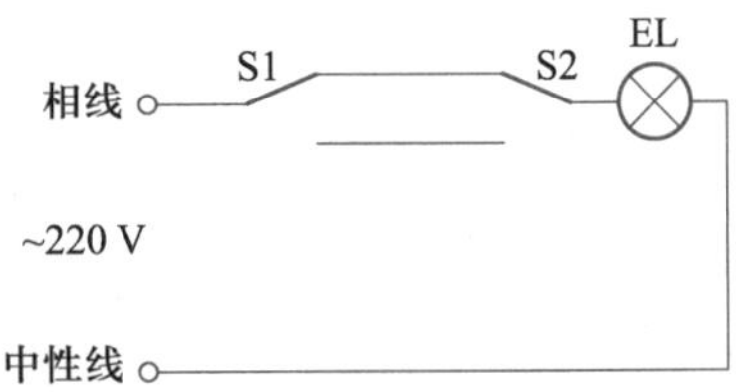

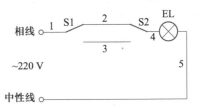

图 1-2-1 双联灯控电路

★ 任务描述

图 1-2-1 所示为双联灯控电路，即两个开关都可控制一个电灯的电路，要求接线规范、布线美观、功能正常。

★ 任务分析

该电路的特点是任意拨动一个开关，电灯的状态都会发生改变。即灯亮时，任意拨动一个开关灯就灭；灯灭时，任意拨动一个开关灯就亮。

从电路可看出，相线接其中一个开关的中心接线柱，然后从旁边两个接线柱接出两条线接到另一个开关的旁边两个接线柱，再从这个开关的中心接线柱引出，接电灯座后，连至中性线。

★ 任务实施

1．开关、灯座定位
根据实际需要，确定开关与灯座的位置。

2．接线
电路接线的核心思想是按图施工，如图 1-2-2 所示，可对所需的接线进行编号。这个双联灯控电路共需接 5 条线，1 号相线进开关 S1 的中心接线柱，2 号线从开关 S1 的旁边接线柱接到开关 S2 的旁边接线柱，3 号线从开关 S1 的另一旁边接线柱接到开关 S2 的旁边接线柱，4 号线再从开关 S2 的中心接线柱引出，去接灯座的中心接线柱，最后 5 号线从灯座的旁边接线柱连至中性线。

图 1-2-2 双联灯控电路原理图

图 1-2-3 为双联灯控电路的接线示意图，图 1-2-4 为双联灯控电路的实物图。

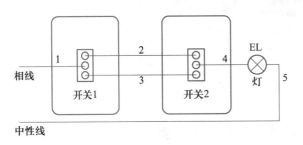

图 1-2-3 双联灯控电路接线示意图

图 1-2-4 双联灯控电路的实物图

图 1-2-4 中开关盒内有用黑胶布包着的电线，这是为了模拟真实的电路场景。因为开关、灯分别在不同的位置，中间需要电线管穿线，不可能单独一条中性线不断线直接连到头，因此所有的接头都必须在开关盒内，以防漏电。

3．测试

装上灯泡后，用万用表电阻挡测量相线与中性线间的电阻，开关接通时其阻值为几百欧（灯泡灯丝冷态电阻），断开时为无穷大。注意，若出现电阻为零的情况，则电路必有短路之处，不能通电！

4．通电试验

如图 1-2-5 所示，电路连接完成后，任意拨动一个开关，电灯的状态都会发生改变。即灯亮时，任意拨动一个开关灯就灭；灯灭时，任意拨动一个开关灯就亮。

图 1-2-5 完成的双联灯控电路

★ 知识问答

1．若相线进开关时不接中心接线柱，而是接旁边的接线柱，会出现什么情况？

答：将使双联功能消失，任何一个开关使灯熄灭后，另一个开关将不能把灯点亮。

2．为什么图 1-2-4 中的开关盒内有用黑胶布包着的中性线？

答：这是模拟真实场景的接线，实际接线时，为了减少开线槽的工作量，也为避免布线零乱，一般相线与中性线同时走线。

3．某同学接的双联电路，发现灯亮时随便拨动哪个开关，灯都能熄灭，而灯灭时，必须拨动原来的开关才能把灯点亮，这是为什么？

答：此电路失去了原来的双联作用，一般新装的电路，可能是电路接错，如图 1-2-6 所示，本应从开关的中心接线柱引出线接灯座，而实际是从旁边接线柱引出，就起不到双联作用了。当然，也有可能是接线松脱。图 1-2-7 所示这种情况很可能是由于接头电线没折弯、螺钉压接不紧、开关盒松动等原因引起。

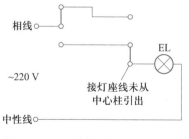

图 1-2-6 双联电路接错的一种情形

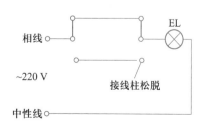

图 1-2-7 双联电路接错的另一种情形

任务 3 简单家用电路的安装

★ 任务目标

1. 能正确识读照明电路接线图。
2. 能根据平面安装图安装固定单相电能表、照明电路配电箱、自动断路器（空气开关）、漏电保护器、插座、灯座等。
3. 能根据元器件布局设计线槽线路，并合理规范布线。

★ 任务描述

完成图 1-3-1 所示简单家用电路的安装。

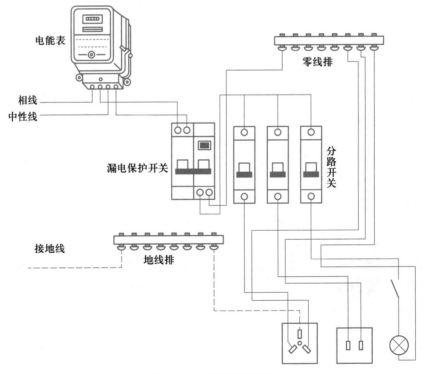

图 1-3-1　简单家用电路

★ 任务分析

这是一个模拟简单家用电路的示意图，其中电能表一般集中安装在某一公共配电区，在此区除了有电能表外，还有总开关、熔断器等（图 1-3-1 中未画）。经电能表后，电源线引入至用户，进户后接家用配电箱，再通过配电箱分路至各用电端。

从电路可以看出，引入用户的电线有三条，分别是一条相线（火线）、一条中性线（零线）、一条接地线。一般接地线为双色线。

电路中的电能表有四个接线柱，其接法简单地说就是一进二出，三进四出。即若电能表从左至右分别为 1、2、3、4 号接线柱，相线从 1 号接线柱接入，2 号接线柱接出，中性线从 3 号接线柱接入，4 号接线柱接出。

为了更好地对各个回路进行控制，配电箱中安装了几个分路开关，这些开关都具有过载自动断路功能。

为方便多路电线的合并，配电箱中采用了两个端子排，分别是中性线端子排和地线端子排，一定要注意这两个端子排并不相同，不能混淆。

图 1-3-2 所示是电路中的一个漏电保护开关，主要用来在设备发生漏电故障或有人身触电危险时进行保护，其漏电保护原理如图 1-3-3 所示，当用电设备正常运行时，流向负载的电流与从负载流回的电流瞬时值之和为零，一次线圈中没有剩余电流，所以二次线圈不会感应出电压，漏电保护开关处于闭合状态运行。当设备外壳发生漏电或人身触电时，则在故障点产生分流，致使互感器中流入、流出的电流出现不平衡，一次线圈产生剩余电流，因此，二次线圈便有感应，当这个漏电流值达到该漏电保护开关限定的动作电流值时，自动开关脱扣，切断电源。

图 1-3-2　漏电保护开关实物

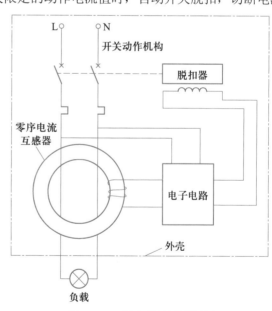

图 1-3-3　漏电保护原理框图

值得注意的是，漏电保护开关并不能对所有的触电类型进行保护，如当人体同时触及相线与中性线时，此时即使流过人体的电流再大，漏电保护开关也不动作，因为流过一次线圈的剩余电流为零，需要特别注意！

配电箱中的空气开关主要是对电流过载进行保护，特别是当负载短路等情况出现时，能立即切断电路。本配电箱中象征性地安装了三个分路开关，分别对三路负载进行控制。

至于家中的用电负载，这里象征性地装了一个三孔插座、一个两孔插座、一个电灯。为安全起见，一般电冰箱、空调器、洗衣机、热水器、电饭锅等都要使用三孔插座，这些设备的外壳要经过插座中心孔接地。而有些小型用电设备，如电视机、充电器多用两孔插座。

★ **任务实施**

1. 器材准备

配电板、电能表、配电箱、漏电保护开关、空气开关、三孔插座、两孔插座、灯开关、灯座、灯泡、导线、万用表、电工用具等。

2. 元器件布局

根据电路的性质，可将电路分成三个功能区，即电能计量区、配电区、用电区。其中电能计量区包括电能表、熔断器等，实际电路中多集中装在公共区域；用户配电区包括漏电保护开关、分路开关等，多装在配电箱内；用电区主要为家庭实际用电场所。本任务在安装时，所有元器件都在同一配电板上，只是象征性地加以区分。

3. 线路安装

如图1-3-4所示，为了模拟真实的用电场景，可将漏电保护开关、分路开关、中性线端子排、接地端子排统一装入配电箱内。为用电安全，引入到配电箱的电线有三条，其中一条相线、一条中性线，再加一条接地线，其中相线与中性线进漏电保护开关，从保护开关出来的相线接至各分路开关，然后通向各路负载，从负载回流来的电线接配电箱内中性线端子排，统一汇总后接至从保护开关出来的中性线。

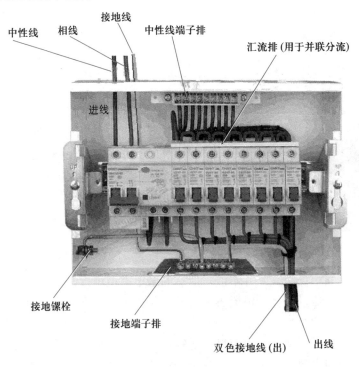

图1-3-4 带八路分路开关的配电箱接线示意图

对于安全要求较高的负载都要有接地线，接地线通常于接地端子排处汇总。

★ 特别注意

中性线端子排应与铁壳绝缘，而地线端子排应与配电箱可靠连接。

★ 知识问答

1．为什么人体同时接触相线与中性线时，漏电保护器不动作？

答：因为人体同时接触相线与中性线时，从相线流向人体的电流经中性线流回，故流过漏电保护器一次线圈的剩余电流为零，所以漏电保护器不动作，需要特别注意！

2．为什么配电箱中要安装分路开关？

答：因为安装分路开关后，如果某一路电路发生故障，该分路开关断开，不会影响其他电路。

3．接地线与接中性线有什么区别？

答：接地线是从安全角度考虑而实施的，该导线一端直接与设备外壳相连，另一端与大地可靠连接，平时没有电流通过，当设备发生漏电时，可把漏电流引向大地，从而保证人体安全。中性线虽然最终也与大地相连，但该导线平时有电流通过，是整个电源回路的一部分。

4．三孔插座的中心孔接的是哪条线？

答：三孔插座的中心孔接的是接地线而非接中性线，仔细观察三脚插头，其中心脚特别长，这是为了从安全考虑，插头接入插座时，先接通接地线，使设备外壳接地，从而保证安全。

5．为什么中性线端子排应与铁壳绝缘，而地线端子排应与配电箱可靠连接？

答：接中性线虽然最终也是与大地相连，但该导线平时有电流通过，是整个电源回路的一部分，若中性线端子排与配电箱铁壳并未绝缘，由于平时电路中有电流流过，有可能出现中性线在某处氧化、接触不良等情况，从而导致配电箱外壳带电。而地线端子排与配电箱可靠连接就是为了配电箱与接地线可靠相连，从而确保外壳不带电。

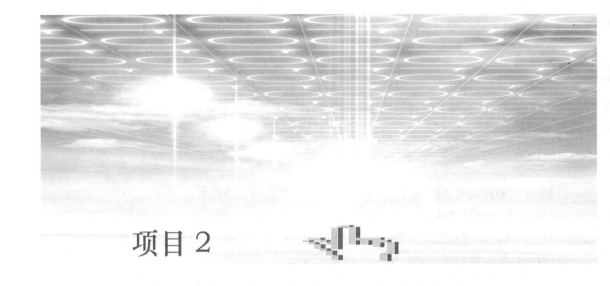

项目2

电阻器的认识与测量

任务1　各种电阻器的测量

★ **任务目标**

1. 认识各类常见的电阻器，学会各种电阻器的测量。
2. 能利用万用表电阻挡区分不同绕组。

★ **任务描述**

1. 用万用表电阻挡区分不同绕组。
2. 测量各种变压器、接触器、继电器线圈的电阻。
3. 测量继电器、接触器触点间的电阻，判断触点的通断情况。
4. 测量各种色环电阻的阻值。

★ **知识准备**

1. 电阻基本知识

（1）电阻的定义

导体对电流的阻碍作用称为导体的电阻，该导体称为电阻器，简称电阻。电阻的主要物理特征是变电能为热能，因此它是一个耗能元件。

（2）电阻的单位

电阻的单位是 Ω（欧姆）。当在一个电阻器的两端加上 1V 的电压时，如果在这个电阻器中有 1A 的电流通过，则这个电阻器的阻值为 1Ω。除了 Ω 外，电阻的单位还有 kΩ（千欧）、MΩ（兆欧）等。

（3）决定电阻大小的因素

导体的电阻值 R 由其本身因素决定，如导体的材料、长度 L、横截面积 S 等，则 $R=\rho L/S$，式中 ρ 为导体在一定温度下的电阻率，因此导体的电阻还受到环境温度的影响。

理想的电阻器是线性的，即通过电阻器的瞬时电流与外加瞬时电压成正比。一些特殊电阻器，如热敏电阻器、压敏电阻器和敏感元件，其电压与电流的关系是非线性的。电阻器是电子电路中应用数量最多的元件，通常按功率和阻值形成不同系列供电路设计者选用。

（4）电阻与温度的关系

一般金属导体电阻随温度升高而增大，多数半导体材料的电阻随温度升高而减小。也有正温度系数的电阻，如 PTC 热敏电阻器，PTC 是 Positive Temperature Coefficient 的缩写，意思是正的温度系数，是一种典型具有温度敏感性的半导体电阻，超过一定的温度（居里温度）时，它的电阻值随着温度的升高呈阶跃性的增高。

（5）电阻器的主要参数

电阻器的主要参数有标称阻值、允许误差、额定功率。设计电路时，不仅要考虑选用合适的阻值，还应注意电阻的实际功率，防止电阻过热烧坏。

2．常见的电阻性器件

（1）功率类电阻器

如电饭煲、电火锅的发热盘，这类器件通电的主要目的是把电能转化为热能，其功率相对较大（如图 2-1-1 所示）。

（2）弱电类电阻器件

如色环电阻（如图 2-1-2 所示）、电位器，这类电阻主要用于电子电路中的分压、分流、限流等，通电的目的不是发热。为了避免电阻过分发热，一般电路设计时要求流过的电流很小。

图 2-1-1　电饭煲发热盘

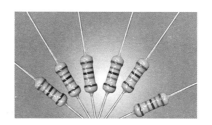

图 2-1-2　色环电阻

色环电阻的读识方法：

常见的金属膜电阻有五道色环，前 3 道为 3 位有效数字，第 4 道为倍率，主体为蓝色，允许误差为 1%（最后一道环为棕色）。碳膜电阻有四道色环，前 2 道为 2 位有效数字，第 3 道为倍率，主体为土黄色 5%（最后一道环为金色）。

色环电阻色环顺序：最后一道环与前一道的间距相对其他几道的间距要大。

色环记忆小口诀：棕一红二橙是三，四黄五绿六为蓝，七紫八灰九对白，黑是零，金五银十表误差。色环电阻的各个色环代号最好单独记忆，以免相互干扰。

3．电阻测量时的注意事项

（1）选择合适的量程，量程不对，测电阻误差较大，甚至测不出阻值。

（2）测电阻时，特别是在测几百千欧以上阻值的电阻时，不能双手同时触及表笔和电阻的导电部分，以免手的并联电阻对被测电阻的测量结果产生影响。

（3）直接测量电路中的某电阻一般无任何意义，如确需测量，则至少要焊开一个脚，以免电路中的其他元件对测量结果产生影响。

（4）千万不能在电路通电情况下测电阻，否则不仅测量不准，还可能损坏万用表。

★ 任务分析

1．不同导线的线头并不相连，万用表读数为无穷大，同一导线的两个线头电阻约为零，如此便可区分不同的导线。

2．额定电压不同的接触器电磁线圈，其电阻值差异较大，额定电压低的阻值较小，可用较低挡（如 $R \times 200$ 挡）测量。额定电压高的相对阻值会增大些，必要时可以增加量程。

3．继电器、接触器触点间的电阻一般是两个极端，不通时为无穷大，通时约为零。

4．色环电阻的阻值不确定，阻值小的只有几欧，大的有几十兆欧，常见的为几千欧至几十千欧，故初始测量多用 $R \times 200k$ 挡，特殊电阻根据具体情况再做调整。

★ 任务实施

1．找出同一导线的两个头

如图 2-1-3 所示，当测到的不是同一条导线的线头时，万用表读数为无穷大；当测到的为同一条导线的两个头时，电阻很小。

图 2-1-3　若为同一导线的两个头，则电阻很小

2．测量接触器线圈电阻

如图 2-1-4 所示，额定电压为交流 36V 的交流接触器线圈的电阻较小，图中电阻读数为 14Ω。

如图 2-1-5 所示，额定电压为 380V 的交流接触器，其线圈的电阻相对大多了，图中电阻读数为 1.491kΩ。

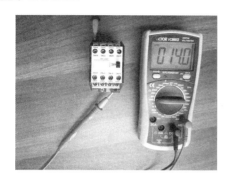

图 2-1-4　36V 交流接触器线圈电阻　　　　图 2-1-5　380V 交流接触器线圈电阻

参照以上方法，选择不同型号的接触器，测量其线圈电阻，并填入表 2-1-1 中。

表 2-1-1　接触器线圈电阻

接触器线圈额定电压	线圈电阻
36V	
380V	

3．判断触点的通断情况

如图 2-1-6 所示，动断触点常态时电阻约为零,即该对触点接通。

如图 2-1-7 所示，若用手指按下试验按钮，模拟线圈通电吸合，则动断触点间电阻为无穷大，表示该对触点断开。

图 2-1-6　动断触点常态时电阻很小　　　　图 2-1-7　按下试验按钮，动断触点间电阻为无穷大

4．阻值测量

实际选择几种色环电阻，读出其色环，测量并记录其阻值，填入表 2-1-2 中。

表 2-1-2 色环电阻阻值测量

电阻	色环	标称值	实测值
R_1			
R_2			
R_3			

★ 知识问答

1. 其他规格相同，线圈额定电压 380V 的接触器与线圈额定电压 220V 的接触器相比，哪种线圈电阻更大？

答：仔细观察可以发现，线圈额定电压 380V 的接触器，其线圈的匝数更多，线径更小，故其电阻值更大。

2. "220V 100W" 的灯泡与 "220V 800W" 的电热盘比较，哪个电阻更小？

答："220V 800W" 的电热盘电阻更小。接到相同电压源上的负载，功率越大，说明流过它的电流也越大，故该负载电阻更小。

3. 为什么不能在电路通电情况下测电阻？

答：万用表测电阻，是利用电表内带电池供电，构成测量回路，当电路通电时，会影响测量回路电流，若外部电压过高，甚至会烧坏电表。

4. "220V 0.5W" 的指示灯与 "220V 800W" 的发热盘串联后，哪个元件发热功率大？

答：串联电路中，电阻大的元件发热功率大，所以实际上两个元件串联后，"220V 0.5W" 的指示灯几乎正常发光，而 "220V 800W" 的发热盘几乎不发热。

★ 知识链接

常见的特殊电阻

1. 恒温加热用 PTC 热敏电阻

如图 2-1-8 所示，PTC 热敏电阻是利用 PTC 材料的恒温发热特性制成的，其原理是当 PTC 热敏电阻通电后，元件本体温度上升，当温度上升到一定程度后，电阻值进入跃变区，阻值迅速增大，电流迅速下降，使加热功率急剧下降，于是恒温加热 PTC 热敏电阻表面温度持续保持恒定值。该温度只与 PTC 热敏电阻的居里温度有关，而与环境温度基本无关。

PTC 加热器具有恒温发热、无明火、受电源电压影响极小、自然寿命长等优势，在电热器具中的应用越来越广。

2. 过流保护用 PTC 热敏电阻

如图 2-1-9 所示，当流过 PTC 材料的电流超过设定值，或环境温度超过设定值时，会使 PTC 温度明显上升，阻值进入突变区，从而限制电路中的电流值。PTC 热敏电阻能对异常温度、异常电流进行自动保护，并能在故障消除后自动恢复到预保护状态，当再次出现故障时又可以实现其保护功能，俗称"自复保险丝""万次保险丝"，广泛用于电机、变压器、开关电源、电子线路等的过流过热保护中。

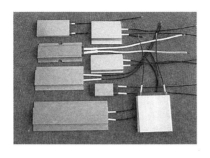

图 2-1-8　恒温加热用 PTC 热敏电阻

图 2-1-9　过流保护用 PTC 热敏电阻

3. NTC 热敏电阻

如图 2-1-10 所示，NTC 热敏电阻在温度越高时电阻值越低，常串接于电路中，以防止在开机瞬间产生的浪涌电流，并且在完成抑制浪涌电流作用以后，电阻值将下降到非常小的程度，不会对正常的工作电流造成影响。NTC 热敏电阻主要用于电动机等需要软起动的场合。

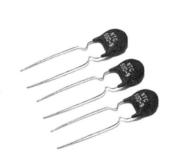

图 2-1-10　NTC 热敏电阻

图 2-1-11　光敏电阻

4. 光敏电阻

如图 2-1-11 所示，常用的为硫化镉光敏电阻，它是由半导体材料制成的。光敏电阻的阻值随入射光线（可见光）强弱的变化而变化，在黑暗条件下，它的阻值（暗阻）可达 1~10MΩ，在强光条件下，其阻值（亮阻）仅有几百至数千欧。

光敏电阻多用于自动控制电路中，在电路中用字母"R"或"RL""RG"表示。

任务 2　电饭煲构造与电路研究

★ 任务目标

1. 认识常见家用电饭煲的电路布局、工作过程。
2. 学会简单家用电器的故障维修。

★ 任务描述

研究家用电饭煲的构造与内部电路。

★ 知识准备

一、电饭煲主要构造

普通电饭煲主要由发热盘、磁钢限温器、温控开关、保温开关、限流电阻、指示灯、插座等组成。

1. 发热盘

电饭煲发热盘是发热管铸造在铝合金里形成的，发热管是一个弯成环状的铁管，管内有电阻丝（镍铬铁合金），填有氧化镁绝缘泥使电阻丝与管壁绝缘，并引出两个端子以接电源。

2. 磁钢限温器

如图 2-2-1 所示，磁钢限温器是电路中的感温动作元件，为了实现饭煮熟后自动切断加热回路。

图 2-2-1 磁钢限温器

对于所有的磁性材料来说，并不是在任何温度下都具有磁性。一般地，磁性材料具有一个临界温度 T_c（居里点），在此温度以上，磁性彻底消失。在此温度以下，磁性恢复，物体变成铁磁性的，电饭锅磁钢限温器就是利用了磁性材料居里点的特性。

磁钢限温器内部装有一块居里点约为 105℃ 的磁性材料和一个弹簧，可以按动，位置在发热盘的中央。煮饭时，按下煮饭开关时，靠磁钢的吸力带动杠杆开关使电源触点保持接通，当煮饭时，锅底的温度不断升高，当内锅里的水被蒸发掉，锅底的温度从 100℃ 迅速升高至约 105℃ 时，磁性材料的磁性消失，磁铁就对它失去了吸力，限温器被弹簧顶下，带动杠杆动作，使杠杆上的微动开关同时动作，切断电源，此后进入保温状态，保温系统开始工作。

3. 温控开关

如图 2-2-2 所示，该开关完全是机械结构，有一个动合触点。煮饭时，按下此开关，使发热管接通电源，同时给加热指示灯供电使之点亮。饭煮好时，限温器弹下，带动杠杆开关，使触点断开，此后发热管仅受保温开关控制。

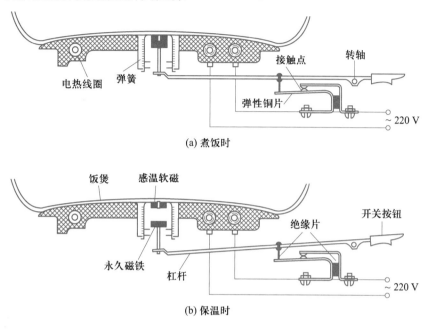

(a) 煮饭时

(b) 保温时

图 2-2-2　温控开关

4. 保温开关

如图 2-2-3 所示，它由一个弹簧片、一对动断触点、一对动合触点、一个双金属片组成。煮饭时，锅内温度升高，由于构成双金属片的两片金属片热伸缩率不同，结果使双金属片向上弯曲。当温度达到 85℃ 以上时，在向上弯曲的双金属片推动下，弹簧片带动动合与动断触点进行转换，从而切断发热管的电源，停止加热。当锅内温度下降到 75℃ 以下时，双金属片逐渐冷却复原，动合与动断触点再次转换，接通发热管电源，进行加热。如此反复，即达到保温效果。

图 2-2-3　保温开关

5. 限流电阻（超温保险丝）

外观金黄色或白色为多，大小像 3W 电阻，串联在发热管与电源之间，一旦超温就会熔断，以避免电饭煲干烧而造成损坏或引发事故。常见的限制温度为 185℃， 限制电流为 5A 或 10A（根据电饭煲功率而定）。限流电阻是保护发热管的关键元件，不能用导线替代!

6. 电饭煲插座

为保证电饭煲连接线插头的安全，需把该插头做成内凹形式（如图 2-2-4 所示），故插座设计成内藏插针式（如图 2-2-5 所示）。

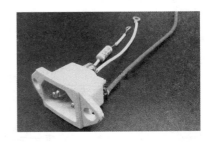

图 2-2-4 电饭煲连接线插头   图 2-2-5 电饭煲插座

电饭煲总体构造如图 2-2-6 所示。

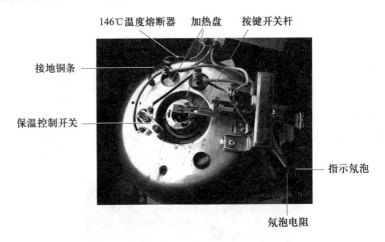

图 2-2-6 电饭煲总体构造

二、电饭煲工作过程

如图 2-2-7 所示，按下开关按键，温控开关接通，发热盘通电。当温度上升至约 85℃时，保温开关断开，但温控开关继续接通，发热盘继续通电。当煲内的饭沸腾后，煲内的水就逐渐减少。当水开始蒸干，煲内的温度由 100℃上升至 105℃时，温控开关断开（此后将不再闭合），此时只有保温指示灯串入电路，发热盘因电流极小而不再发热。此后，电饭煲利用发热盘余热加温，随着时间推延，如果煲内温度低于 75℃，则保温开关又接通，发热盘又通电，但温度上升至 85℃左右时，电路又断电，如此反复进入保温状态。

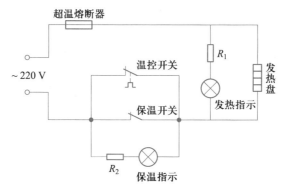

图 2-2-7 电饭煲电路原理图

★ 任务实施

一、认识电饭煲内部各部件
1. 用万用表测量发热盘电阻丝的电阻值及发热盘电阻丝与外壳的绝缘性能。
2. 研究磁钢限温器的构造。
3. 研究保温开关的构造。
4. 研究杠杆开关的构造。
5. 研究电饭煲电源线、插座的构造。

二、研究电饭煲内部电路
1. 研究普通电饭煲的内部电路，与图 2-2-7 所示电路对照，看是否这样接线。
2. 研究电饭煲用电安全上的设计。

★ 知识问答

1. 分析图 2-2-7 所示的电饭煲电路，指出为什么饭煮熟后，保温指示灯亮，加热时指示灯不亮。

答：当饭煮熟后，保温开关、温控开关都断开，等效电路如图 2-2-8 所示，由于发热盘电阻较小，故发热盘两端电压很低，发热指示部分的电压同样很低，故发热指示灯不亮。同时，由于大部分电压加在 R_2 及保温指示灯上，故保温指示灯亮。

2. 插上电源、按下杠杆开关后，电饭煲不工作，发热盘无发热迹象，请分析原因。

答：可能原因有：

（1）电源插座无电，可用万用表交流电压挡测电源电压。

（2）导线断路或电饭煲插座处接触不良。用万用表的电阻挡检查。

（3）限流电阻熔断。此时可用万用表的电阻挡检查该电阻。若该电阻熔断，必须用同型号限流电阻代替，不能直接用导线代替。

（4）发热管烧断。这是很不常见的严重情况，一般伴随着发热盘变形（发热指示灯会亮）。

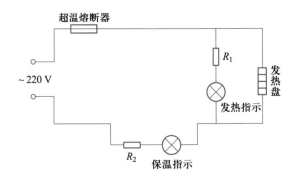

图 2-2-8 保温开关、温控开关都断开时的等效电路

3．电饭煲煮不熟饭、烧不开水的原因分析。

答：电饭煲煮不熟饭、烧不开水的可能原因有：

（1）温控开关触点氧化，接触不良，这样的结果是煲温上升至 85℃，保温开关断开后，电路不再通电，发热盘不发热（实际是指示灯串联着，有极弱电流）。

（2）煲底污物多或加热盘氧化层有污物，或内煲变形、发热盘变形，使加热盘温度不能顺利传到锅内，磁钢温度已经达到居里点，磁钢失磁跳起断电，而煲内温度还达不到 100℃，使电饭煲煮不熟饭、烧不开水。

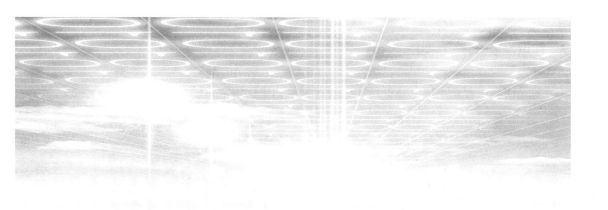

项目 3

电容器的特性

任务 1　电容的充放电特性研究

★ 任务目标

1. 认识电容的作用。
2. 了解电容的充放电过程。

★ 任务描述

　　如图 3-1-1 所示，完成电容充电、放电实验电路的连接，分别观察发光二极管在电容充电、放电时的发光情况，总结电容充电放电时的规律。

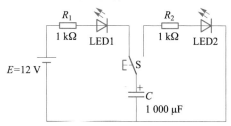

图 3-1-1　电容充电、放电实验电路

★ 知识准备

这是研究电容充电放电特性的实验，首先我们来认识常见的电容器（如图 3-1-2 所示）。

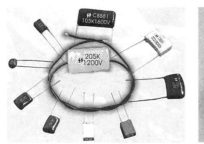

图 3-1-2 常见的电容器

1．电容器的构造

电容器由两块导电的平行板构成，两板之间填充上绝缘物质或介电物质。

2．电容器的基本特性、电容量的定义

如同粮仓可以储存粮食，水库可以储存水一样，电容器可以储存电荷。

不同的电容器储存电荷的能力不同，如同不同堆场堆放货物的能力不同一样，堆放货物能力的关键是堆场的面积 S。当货物堆放高度一定时，面积越大，它所能堆的货物也越多。

对于某一确定的电容器，我们发现任一极板上的带电量与两极板间电压的比值是一个常数。这一比值称为电容量，简称电容，用 C 表示，即 $C=Q/U$。

当电容器两端的电压一定时，电容器的容量越大，它所储存的电荷量也越大。可见，电容器的电容量是一个衡量电容器储存电荷本领的参数。

3．电容的单位

如果平行板电容器两极分别带有 1C（库仑）的异性电荷，其两极板间电位差为 1V（伏特），则其电容定义为 1F（法拉），即 1F=1C/V。

除 F（法拉）外，常用的电容单位还有 mF（毫法）、μF（微法）、nF（纳法）和 pF（皮法）等，换算关系是：

1F（法拉）= 10^3mF（毫法）= 10^6μF（微法）

1μF（微法）= 10^3nF（纳法）= 10^6pF（皮法）

4．电容的充电过程

如图 3-1-3 所示，若电容器与直流电源相接，电路中有电流流通。两块极板会分别获得数量相等极性相反的电荷，在两个极板间形成电压，这就是电容的充电。随着电容器两极板上电荷的不断增加，电容器上的电压也逐渐增大，充电电流不断减小，直到等于直流电源电压时，电路中便不再有电流流过，充电过程完成。

图 3-1-3 中 R_1 的电阻值会影响电容的充电速度。

5．电容的放电过程

如图 3-1-4 所示，当切断电容和电源的连接，接通放电回路时，电容通过电阻 R_2 进行放电，两极板之间的电压将会逐渐下降为零。图 3-1-4 中 R_2 的电阻值会影响电容的放电速度。

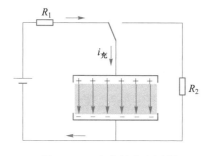

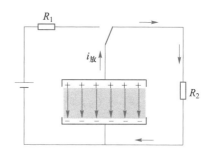

图 3-1-3　电容的充电过程　　　　　　　　图 3-1-4　电容的放电过程

　　电容放电的过程是一个能量释放的过程，会在放电回路中做功，把电能转换成其他形式的能。

　　在电子电路中使用电容器时，若电子电路上的电压高于电容两端的电压，电容就充电，直到电容上建立的电压与电路的电压相等为止；如果电子电路上的电压低于电容两端的电压，电容则进行放电。

　　6．电容器的隔直作用

　　电容器上储存电荷后，由于电容两极板是由绝缘介质隔开的，虽然电容两端有电压，但电荷不能从电极间通过，即在外加直流电压的情况下，不可能有持续电流流过电容器，因此电容器具有隔断直流的作用。

　　7．电容的种类

　　按有无极性分可分为无极性电容与有极性电容，无极性电容两个电极上加的电压性质不受限制，可直接用在交流电路中，但成本较高。有极性电容，如电解电容，在相同容量与耐压下生产成本较低，但充电极性有限制，正负极不能搞错，否则，不仅漏电流大，甚至会因发热而炸开。

　　8．电容的主要参数

　　（1）标称电容量和允许误差

　　标称电容量是标志在电容器上的电容量。电容器实际电容量与标称电容量的偏差称为允许误差。允许误差一般在电容器上有标志。

　　（2）额定工作电压

　　额定工作电压是指电容器在规定的温度范围内，能够连续可靠工作的最高电压。

　　9．电容与电池的区别

　　从能量储存的角度看，电容是以电场能形式储存于两极板间，由于传统电容的电容量不大，所存储的能量也不是很大，放电时端电压下降较快，多作为瞬间供电使用。

　　电池通常有大量的电化学材料，充电时把电能转化成化学能存储，放电时化学能转化成电能，放电过程中电压下降不明显，多作为长时供电使用。

　　从充放电电流来说，大部分电容可大电流充放电，但电池大电流充放电的比较少见。

★ 任务分析

本任务主要是观察电容充电、放电过程中的现象，从这些现象中总结出电容的充电放电规律。

本任务中用到图 3-1-5（a）所示的按钮开关，其带有自锁功能，按一次，按钮帽被压至低位，再按一次，回弹高位。其共有 6 个引脚，做了两组复合开关，如图 3-1-5（a）所示，若逆时针从左至右数分别记 1、2、3，其通断情况如图 3-1-5（b）所示，即高位时，1 与 3 接通，低位时，2 与 3 接通。

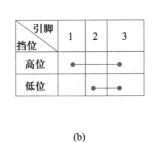

引脚 挡位	1	2	3
高位	●		●
低位		●	●

(a)　　　　　　　　　　(b)

图 3-1-5　按钮开关及其特性

★ 任务实施

1. 元器件准备及检测

元件序列	参数或型号	元件序列	参数或型号
R_1	1kΩ	LED1	发光二极管
R_2	1kΩ	LED2	发光二极管
C	1000μF	S	按钮开关（带自锁）

2. 绘制接线图

图 3-1-6 所示为安装用的单孔电路板，展示的为铜箔面。图 3-1-7 所示为电容充放电实验接线参考图，展示的为元件面。本书所有接线图，如不作特殊说明，都为元件面视图。

3. 电路安装

注意发光二极管的极性：如图 3-1-8 所示，新的发光二极管引脚长的为正极，仔细观察发光体，小三角对应的引脚为正极。

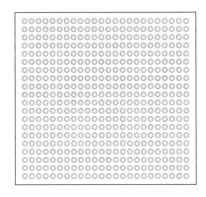

图 3-1-6　安装用的单孔电路板

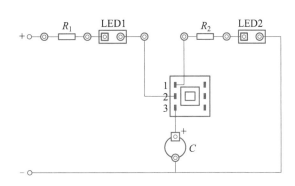

图 3-1-7　电容充放电实验接线参考图（元件面）

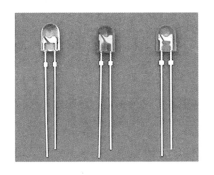

图 3-1-8　发光二极管

安装电路时，应注意元件、走线横平竖直，焊点均匀光洁，无虚焊、粘连等情况。

4．电路功能测试

图 3-1-9 所示为安装完成的电路板，能看到按钮低位充电时发光二极管 LED1 的发光情况（由亮变暗）。如图 3-1-10 所示，按钮高位放电时发光二极管 LED2 也是由亮变暗。

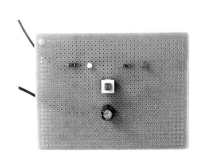

图 3-1-9　按钮低位时

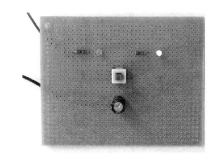

图 3-1-10　按钮高位时

★　知识问答

1．如图 3-1-1 所示，开关拨到左边后，发光二极管由亮变暗是因为什么？

答：开关拨到左边后，电源通过电阻和二极管对电容充电，随着电容充电的进行，电容两端电压不断升高，充电电流随之减小，故发光二极管由亮变暗。当电容两端电压与电源电压一致时，电容充电完成，发光二极管熄灭。

2. 电容放电时，发光二极管由亮变暗是因为什么？

答：开关拨到右边后，电容通过电阻和二极管放电，随着电容放电的进行，电容两端电压不断下降，放电电流随之减小，故发光二极管由亮变暗，最后熄灭。

3. 如何使电容的放电时间增加？

答：要使电容放电时间增加，可从两方面考虑，一是增加电容量，二是减小放电电流，即增加放电回路的电阻。

4. 若电路用标号为 104 的电容器，能看到实验现象吗？

答：标号为 104 的电容器，容量只有 $10 \times 10^4 \mathrm{pF}$，即只有 $0.1 \mu\mathrm{F}$，故充电或放电过程极短，不能看到实验现象。

★ 知识拓展

超 级 电 容

随着电子技术的发展，电容器的容量越做越大，甚至出现了以前无法想象的超级电容，如单个电容器的容量达到 10000F 以上，完全可以替代电池给负载供电，并且与锂电池相比，超级电容使用寿命更长、质量更轻、使用更安全，其最大的优点是可以瞬间吸收或释放极高的能量，即完全可实现大电流充电或放电，如当前的锂电池电动汽车充电需要几个小时，而这种超级电容汽车充电只需几十秒，就能行驶几十公里，因而能代替电池给汽车发动机供电。

图 3-1-11 所示为单个容量达 3000F 的超级电容及电容组。图 3-1-12 所示为由超级电容作动力源的公交车。

图 3-1-11　超级电容及电容组　　　　　图 3-1-12　超级电容作动力源的公交车

任务 2　电容的隔直通交特性

★ 任务目标

1．通过实验认识电容的隔直通交特性，掌握电容充电、放电的电流路径。
2．了解二极管的整流作用。

★ 任务描述

完成图 3-2-1 所示电路的连接，接 12V 50Hz 交流电源，观察 S 闭合、断开时 LED1、LED2 的发光情况，并分析原因。

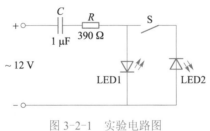

图 3-2-1　实验电路图

★ 任务分析

当 S 闭合时，在交流电的正半周，流过电容的电流从左至右，电容左极板带正电，LED1 发光；在交流电的负半周，流过电容的电流从右至左，电容右极板带正电，LED2 发光。因此，若 S 闭合，将看到 LED1、LED2 都发光。

当 S 断开时，LED2 不发光。同时，由于 LED1 的整流作用，故电容只能一个方向充电，而无放电通道，显然很快充满电，故 LED1 也不发光。

★ 任务实施

1．元器件准备及检测

元件序列	参数或型号	元件序列	参数或型号
C	1μF	LED1	发光二极管
R	390Ω	LED2	发光二极管
S	按钮开关		

2．绘制接线图
电路参考接线如图 3-2-2 所示。

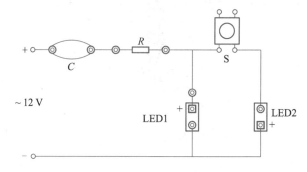

图 3-2-2 电路参考接线图

3．电路安装

按图 3-2-2 连接电路各元件，注意电路中 C 为无极性的电容，不能搞错。

4．电路功能测试

电路连接完成后，接 12V 50Hz 交流电源。

（1）如图 3-2-3 所示，断开 S，观察 LED1、LED2 的发光情况。

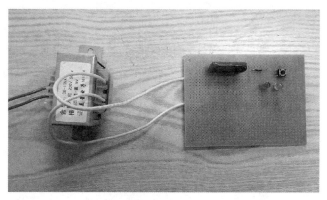

图 3-2-3 断开 S 时 LED1、LED2 都不发光

（2）如图 3-2-4 所示 ，闭合 S，观察 LED1、LED2 的发光情况。

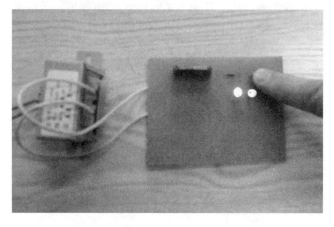

图 3-2-4 闭合 S，LED1、LED2 都发光

★　**知识问答**

1．当接交流电源时，为什么当 S 断开时，LED1 也不发光？

答：当 S 断开时，由于 LED1 的整流作用，故电容只能一个方向充电，而无放电通道，显然很快充满电，故 LED1 也不发光。

2．电路中为什么 C 必须用无极性的电容？

答：由于加在电容两端的电压极性并不固定，为防止加反向电压时电容漏电，故 C 需用无极性的电容。

3．若降低交流电的电源频率，LED1、LED2 的发光情况会如何？

答：若明显降低电源的交变频率（如频率降至 2Hz)，将看到 LED1、 LED2 交替发光，且发光强度明显减弱。

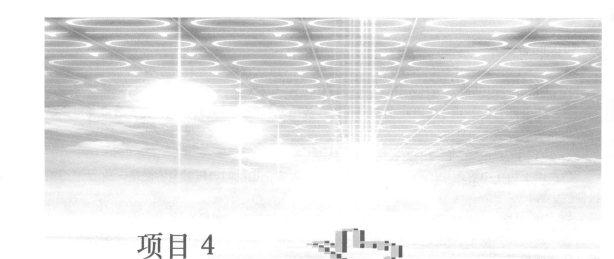

项目 4

电感器的电流惯性

任务 1　电感器的自感现象

★ 任务目标

1. 了解电感器的结构，认识电感器的基本特性。
2. 直观感受自感电动势的存在，掌握电动势方向的判断方法。

★ 任务描述

连接图 4-1-1 所示电路，观察按钮闭合与断开时 LED 的发光情况，并分析其原因。

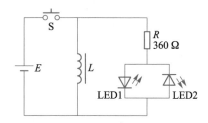

图 4-1-1　分析电感器的自感现象电路图

★ 知识准备

1．电感器的结构

图 4-1-2 所示为各种不同类型的电感器，最简单的电感器（俗称线圈）是用导线空心地绕几圈，有磁芯或铁芯的电感器是在磁芯或铁芯上用导线绕几圈。

通常情况下，电感器由铁芯或磁芯、骨架和线圈等组成。其中，线圈绕在骨架上，铁芯或磁芯插在骨架内。

根据电感器线圈的匝数不同及有无磁芯，其电感量的大小也不同，但所具有的特性相同。

图 4-1-2   各种电感器

2．电感器的基本特性

我们知道电流的磁效应，电感器就是能够把电能转化为磁能而存储起来的元件。给一个线圈通入电流，线圈周围就会有磁场。通入线圈的电流越大，通过线圈的磁通量就越大，存储的磁场能也越大。

3．电感量的定义

实验证明，通过线圈的磁通量和通入的电流是成正比的，它们的比值称为自感系数，也称电感。如果通过线圈的磁通量用 Φ 表示，电流用 I 表示，电感用 L 表示，那么

$$L = \Phi / I$$

电感的单位是 H（亨），也常用 mH（毫亨）或 μH（微亨）作单位。

$$1H=10^3 mH，\quad 1H=10^3 \mu H$$

电感量是一个只与线圈的圈数、大小、形状和介质有关的量，它是电感线圈电流惯性的量度，而与外加电流无关。

4．电感器对电流的作用

当流过电感线圈的电流增加时，电感线圈产生的自感电动势总是阻碍导体中原来电流的增

加，当流过电感线圈的电流减小时，电感线圈产生的自感电动势总是阻碍导体中原来电流的减小。

当电感中通过直流电流时，其周围只呈现固定的磁感线，不随时间而变化，因此不存在电磁感应。当电感线圈接到交流电源上时，线圈内部的磁感线将随电流的交变而时刻在变化着，致使线圈不断产生电磁感应。这种因线圈本身电流的变化而产生的电动势，称为自感电动势。由楞次定律可知感应电流所产生的磁感线总是要力图阻止原来磁感线的变化，从客观效果看，电感线圈有阻止交流电路中电流变化的特性。

5．电感线圈与变压器

电感线圈：导线中有电流时，其周围即建立磁场。通常把导线绕成线圈，以增强线圈内部的磁场。一般情况下，电感线圈只有一个绕组。

变压器：电感线圈中流过变化的电流时，不但在自身两端产生感应电压，而且能使附近的线圈中产生感应电压，这一现象称为互感。两个彼此不连接但又靠近、相互间存在电磁感应的线圈称为变压器。

★ 任务实施

1．元器件准备及检测

名称	规格	元件序列	规格
电感线圈	用变压器一次线圈替代	LED	发光二极管
限流电阻	360Ω	直流电源	可调稳压电源

2．电路连接及功能测试

先根据图 4-1-1 所示电路图完成单孔板的焊接，然后接成所需电路，本实验中为加强电路效果，采用变压器一次绕组替代电感线圈。

接线完成通电试验，本实验中由于电感线圈本身电阻很小（零点几欧），故电源电压不能过高，一般 3V 以下即可。

如图 4-1-3 所示，按下按钮 S，观察电路接通时 LED1、LED2 的发光情况，然后松开按钮，观察电源断开瞬间 LED1、LED2 的发光情况（如图 4-1-4 所示）。

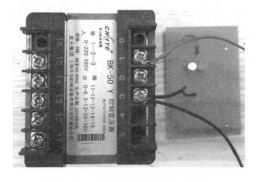

图 4-1-3 接通电路时 LED1 发光

图 4-1-4 电源断开瞬间 LED2 发光

★ 任务总结

　　如图 4-1-5 所示，实验中按下按钮，LED1 发光，是因为电源除对电感线圈供电外，还通过电阻 R 与 LED1 构成供电回路。

　　如图 4-1-6 所示，当松开按钮时能观察到 LED2 瞬时发光，这是因为在按下按钮通电时有较大电流流过电感线圈，线圈中储存了较多的磁场能，当松开按钮时，电源不再对电感线圈通电，并要切断流过电感线圈的电流，而原电感线圈的磁场能必通过一定途径得到释放，因此，通过 LED2、R 构成电流回路，使 LED2 发光。

　　同时，松开按钮时能观察到 LED1 并不发光，这同样说明流过电感线圈的电流不能突变。

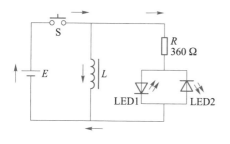

图 4-1-5　通电时的电流路径

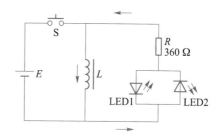

图 4-1-6　断电瞬间的电流路径

★ 知识问答

　　1. 怎样的电感线圈电感量大？
　　答：一般来说线圈匝数多、铁芯的体积大、磁路封闭性好的电感线圈电感量大。
　　2. 在实验中松开按钮时，为什么能观察到 LED2 瞬时发光？
　　答：因为当按下按钮后流过电感线圈的电流较大，在松开按钮后，由于电感线圈的电流不能突变，这一电流转而通过 LED2、R 构成回路，使其瞬间发光。当然，随着电感磁场能的消失，LED2 也随之熄灭。

　　这一现象同时也说明在 S 断开的瞬间，其感应电动势方向是与原电流方向一致的。

★ 知识拓展

电学中的惯性现象

　　从力学中我们知道一切物体都有惯性，即一切物体具有保持原来匀速直线运动状态或静止状态的性质。物体的惯性表现为该物体从一种运动状态改变到另一种运动状态必须经过一定的过渡过程。如一辆汽车从一个速度变到另一个速度，这中间必有一个车辆的加速或减速过程，惯性的实质是物体的动能不能突变。

运动物体的质量就是其惯性的量度，质量越大，其运动状态越不容易改变。

如果把力学中物体的这种惯性称为速度惯性，那么电学中也有类似的惯性现象。如电容器两端电压不能突变，即电容器储存的电场能不能突变，电容两端从一个电压变为另一个电压，这中间必经过一个充电或放电过程。因此可以说电容器有电压惯性。

电容器的电容量就是其电压惯性的量度，电容量越大，其端电压越不容易改变。

同样，流过电感线圈的电流也不能突变，这就是电感线圈的磁场能不能突变。流过电感线圈的电流从一个值变为另一个值，必伴随着磁场能的增加或减少过程。同样，可以说电感线圈有电流惯性。衡量电感线圈电流惯性强弱的物理量就是电感量，电感量越大，流过线圈的电流越不容易改变。

速度惯性告诉我们，如果物体从一种状态急剧地变为另一种状态，必伴随着巨大的加速度，往往会产生巨大的作用力。如想想飞速行驶的车辆撞到墙壁的情况，就可知道其破坏力多大了。

同样，如果电容器两端电压急剧变化，必伴随着大电流充放电情况，特别在现代电容器制造技术不断提高、电容量不断增大的情况下，大容量电容器两端千万不能短路。

与此类似，电感量大的电感器，在通电回路突然切断时，也会感应出非常高的感应电压，甚至导致电弧的产生、电路元件损坏。在电力系统中，若切断大电流负载的过程操作不当，严重的可能造成人身安全事故。

任务 2　荧光灯的原理与安装

★ 任务目标

1. 了解荧光灯的电路组成及其工作原理。
2. 了解荧光灯各部分特别是电感器在电路中的作用。
3. 会正确安装荧光灯。

★ 任务描述

完成图 4-2-1 所示的荧光灯电路的安装，并能分析其工作过程。

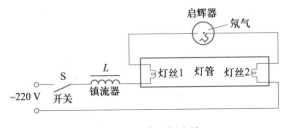

图 4-2-1　荧光灯电路

★　知识准备

荧光灯主要由灯管、镇流器和启辉器等部分组成。

荧光灯工作原理：

1. 启辉阶段

（1）闭合开关→电压加在启辉器两极间→氖气放电发出辉光→产生的热量使 U 形动触片膨胀伸长→动静触片接触使电路接通→灯丝和镇流器中有电流通过→灯丝发热。启辉器接通时的电流通路如图 4-2-2 所示。

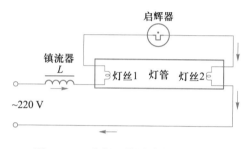

图 4-2-2　启辉器接通时的电流通路

（2）电路接通后→启辉器中的氖气停止放电→U 形片冷却收缩→两个触片分离→电路自动断开。

（3）若触片在交流电流某一较大值的瞬时断开→镇流器电流急剧减小→产生很高的自感电动势（方向与电源电动势方向相同）→这个自感电动势与电源电压加在一起形成一个瞬时高压→加在灯管中的气体开始放电→辐射出紫外线→荧光粉发出白光。启辉器触片断开后的电流方向如图 4-2-3 所示。

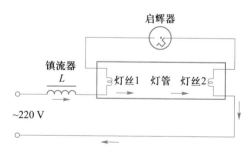

图 4-2-3　启辉器触片断开后的电流方向

2. 工作阶段

灯管启辉后，管内电阻下降，荧光灯灯管回路交流电流有效值增加，镇流器两端交流电压降增大；启辉器两端（即灯管两端）的电压大为减小，不能再引起辉光放电，启辉器保持断开状态而不起作用，电流由管内气体导电而形成回路，灯管进入工作状态。

★ 任务实施

1. 元器件准备及检测

名称	数量	元件序列	数量
开关	1	灯管底座	2
24W 镇流器	1	启辉器底座	1
24W 灯管	1	启辉器	1
导线	若干	插头	1
黑胶布	一卷		

2. 元件固定及电路安装

（1）元件固定时应注意使其位置合理，特别要注意控制灯座的间距，保证灯管能正常放入。

（2）电路接线的核心思想是按图施工，如图 4-2-4 所示，从头至尾只要接完 6 条导线，电路就已接成。在本任务中，为测试方便，接电源线的两条导线应接插头。

（3）在接线过程中应注意：电路的各个接头要压接牢固，不能有松动、毛刺情况，导线直接连接处用黑胶布做好绝缘，防止漏电。

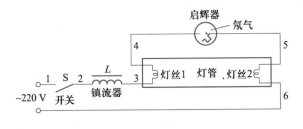

图 4-2-4　电路需接的 6 条导线

3. 电路功能测试

完成电路安装后要认真检查，经指导教师确认后方可通电。通电后如果荧光灯不亮，必须等断开电源后，方可再次检查，不可带电操作。仔细观察荧光灯开始发光的过程，理解荧光灯发光原理。

★ 知识问答

1. 荧光灯灯管两端的瞬间高压什么时候存在？

答：若启辉器动静触片在交流电流某一较大值瞬间断开，则镇流器产生较高电动势，并叠加在电源电压上，使灯管两端电压更高，灯管内的稀薄气体发光，实现启辉功能。

2. 荧光灯正常使用发光时，为什么启辉器不发光？

答：荧光灯正常使用发光时，镇流器所起的作用同样是阻碍电流的变化，只是这样的结果使灯管两端的电压下降，启辉器不能再引起辉光放电，启辉器动静触片保持断开状态而不起作用。

3．通电试验时如果荧光灯不亮，可能是什么原因？

答：最大可能是电路断路，该荧光灯电路中任何一个接点的松动就会引起电路的断路而使电路无法正常工作。

4．该荧光灯电路，如何保证电路连接的安全？

答：电路的各个压接点不能有松动、毛刺，露铜不能超过 2mm。导线直接连接处用黑胶布做好绝缘，防止漏电。走线合理，不损坏导线绝缘，通电前经指导教师检查确认。

项目 5

二极管的特性与应用

任务 1 二极管的单向导电性

★ 任务目标

掌握二极管的单向导电性。

★ 任务描述

连接图 5-1-1 所示电路,观察在(a)、(b)两种不同接法下,灯泡的发光情况。

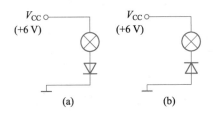

图 5-1-1 二极管单向导电性验证电路

★　知识准备

1．半导体相关知识

原子最外层电子数为 4 的元素，如硅（Si）、锗（Ge），其导电能力介于导体与绝缘体之间，因此称之为半导体。半导体有许多特性，如对温度、光照、掺杂非常敏感，利用半导体的热敏特性，可以制作感温元件，如热敏电阻，用于控制系统中的温度测量。利用半导体的光敏特性，可以制作光敏元件，如光敏电阻、光电控制器。

在纯净半导体中掺入极少量五价元素（如磷），可形成自由电子参与导电的半导体，故称为电子型半导体，简称 N（negative electricity，负电）型半导体。

在纯净半导体中掺入极少量三价元素（如硼），可形成空穴参与导电的半导体，故称为空穴型半导体，简称 P（positive electricity，正电）型半导体。

将 P 型半导体与 N 型半导体结合在一起，在结合处会形成特殊的薄层——PN 结。一个 PN 结加上两个引线，就形成了二极管。图 5-1-2 所示为二极管的实物图。

2．二极管结构与图形符号

二极管从 P 区引出的电极称为正极，从 N 区引出的电极称为负极，在标识上，二极管上有色环的一端为负极。二极管的文字和图形符号如图 5-1-3 所示。

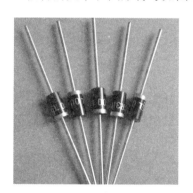

图 5-1-2　二极管实物图　　图 5-1-3　二极管的文字和图形符号

3．正向电压与反向电压

如果二极管 P 区的电位高于 N 区的电位，就是加正向电压。反之，则加反向电压。

★　任务分析

这是一个小灯泡串联一个二极管的电路，图 5-1-1（a）中二极管正向通电，而图 5-1-1（b）中，由于电源正负极对换，二极管变成反向通电。

★ 任务实施

1. 元器件准备及检测

名称	规格或参数	元件序列	备注
小灯泡	6V/0.5W	灯泡底座	小灯泡配套
二极管	1N4007		

2. 通直流电，观察现象

注意电源电压应与小灯泡额定电压一致，不能过高，否则可能烧坏小灯泡。

★ 任务总结

我们看到图 5-1-1（a）电路中，小灯泡发光，而图 5-1-1（b）中小灯泡不发光，说明二极管在加正向电压时导通，小灯泡发光，加反向电压时截止，小灯泡不亮，因此二极管具有单向导电性。

★ 知识问答

1. 二极管加正向电压是什么意思？

答：二极管加正向电压是指二极管 PN 结的 P 区电位比 N 区电位高。

2. 除了二极管具有单向导电性外，在其他领域是否存在类似的单向性器件？

答：其他领域也存在。所谓单向性，即从一个方向可以往另一方向移动，但反过来不行。能实现这种功能的器件很多，如轮胎的气门芯，油泵中的进油、出油阀，液压传动中的止回阀，机械传动中的超越离合器（如脚踏车的后飞轮）等，电子电路里就是二极管。这些器件在生产生活中都有非常重要的作用。

任务 2 二极管正向特性的研究

★ 任务目标

1. 认识二极管的正向压降，加深对二极管是非线性器件的理解。

2. 认识发光二极管与普通二极管正向特性的相同点与不同点。

★ 任务描述

分别连接如图 5-2-1、图 5-2-2 所示电路，改变输入电源的电压，用万用表测出二极管两端的电压，并计算出流过二极管的电流，绘制二极管的正向伏安特性曲线，分析二极管正向导通的特点。

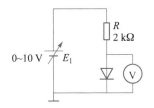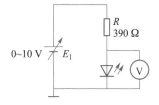

图 5-2-1　普通二极管正向电压测定电路　　　　　图 5-2-2　发光二极管正向电压测定电路

★ 任务分析

这是一个电阻与二极管串联，再接可调直流电源的电路。

绘制二极管正向伏安特性曲线的关键是建立以加在二极管两端电压为横轴、流过电流为纵轴的直角坐标系。

二极管两端的电压可用万用表测出，流过二极管的电流可通过计算流过电阻的电流得到。如图 5-2-1 所示，已知电阻的阻值为 2kΩ，若电源电压为 10V，测得二极管两端电压为 0.64V，则电阻两端电压 U_R=9.36V，流过二极管的电流 I_D=4.68mA。

★ 任务实施

1．电路安装

电路板安装工艺的一般要求如下：

（1）电路安装、元件焊接应严格按照元件清单表、电路布线图进行，要求焊点清晰，无毛刺，无虚焊、粘连等情况。

（2）元件安装、焊接应遵照从小到大、从低到高的原则来进行。

（3）焊接电阻元件时，要区别不同阻值的电阻，不要相互混淆，色环朝向保持一致，紧贴电路板插装焊接。

（4）有极性元件，如电解电容、二极管等，焊接前应先判断极性，确认无误后再焊接。

（5）双列直插式集成块，先焊接底座，再安装集成块。

2．实验观察

测量二极管两端的电压，如图 5-2-3 所示，慢慢增加电源电压，观察二极管两端电压的变化情况，并记下数据，填入表 5-2-1 中。

3．正向伏安特性曲线绘制

建立以电压为横轴、电流为纵轴的直角坐标系，如图 5-2-4 所示。根据测量值在坐标上描点，并用光滑曲线把各点连接起来。

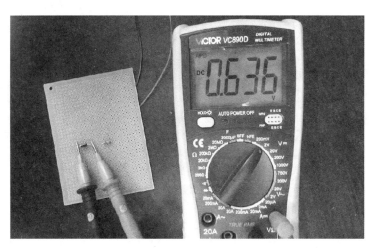

图 5-2-3 二极管两端电压的测量

表 5-2-1 二极管正向伏安特性

电源电压/V	0	0.2	0.4	0.6	0.8	1.0	1.2	1.4	1.6	2	4	6
二极管电压/V												
二极管电流/mA												

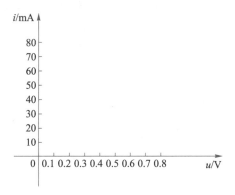

图 5-2-4 绘制伏安特性曲线

参照普通二极管的测试方法，可对图 5-2-2 所示的发光二极管伏安特性进行测试。

★ 知识问答

1. 普通二极管两端的电压能加到 1V 吗？

答：当二极管两端的电压加至约 0.7V 时，若再增加电压，流过二极管的电流增加太快，在根本没调到 1V 时，电源、电阻、二极管中至少有一样已经烧坏。

2. 为什么说二极管是一个非线性器件？

答：根据测到的电压与电流，计算不同测点的电阻值，发现它不同于其他普通电阻，其伏安特性曲线不是直线，流过二极管电流越大，其等效电阻值越小。但二极管的电阻到底是多少，无法确定，所以说，二极管是一个非线性器件。其正常导通时，正向压降约为 0.7V。

3．发光二极管与普通二极管正向压降一样吗？

答：发光二极管也是由 PN 结构成的，同样具有单向导电性，发光二极管工作在正向偏置状态。通常发光二极管通过 10mA 电流时，就可发出强度令人满意的光。但根据制造材料不同，管压降有所不同，如红色发光二极管的管压降约为 1.7V，黄色约为 1.8V，绿色约为 2V，蓝色约为 3.5V。

4．如何区别发光二极管的正、负极？

答：新的发光二极管的正极引脚相对较长。如果从引脚无法判断，可观察发光体内的情况，小三角处对应的引脚为正极。

5．为什么接发光二极管时一定要串联电阻？

答：因为发光二极管也是非线性器件，其电阻值不是常数，即使流过二极管的电流增加很多，但其管压降几乎没增加多少，如果不加以限流，会使发光二极管烧坏。

★ 小知识

二极管的两个重要参数

1．最大整流电流

这是二极管允许流过的最大电流，超过这个值，二极管 PN 结发热速度很快，将被烧坏。

2．最高反向工作电压

这是二极管反向偏置时允许加的最高电压，超过这一电压，二极管将被击穿，甚至造成永久性损坏。

任务 3　稳压二极管稳压值的测定

★ 任务目标

1．学会测定稳压二极管的稳压值。

2．认识稳压二极管的稳压条件。

★ 任务描述

连接图 5-3-1 所示电路，接上电源，慢慢提高电源输出电压，测出稳压二极管的稳压值。

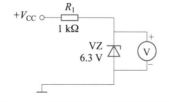

图 5-3-1　测量稳压二极管的稳压值

★ 知识准备

有别于普通二极管，稳压二极管的正向特性与普通二极管一致，但反向击穿电压较低，且伏安特性更陡。在其反向击穿时，即使流过它的电流有较大变化，其两端电压也基本不变。

如图 5-3-2 所示，除普通稳压二极管外，还有一种是由两个普通稳压二极管反向串联而成的，即双向稳压二极管，任一方向都能稳压。如图 5-3-2 中两个稳压值为 6.3V 的稳压二极管反向串联后，由于任一方向总有一个二极管加正向电压，另一个加反向电压，这就构成了稳压值为 7V 的双向稳压二极管。

图 5-3-2   双向稳压二极管的图形符号及电路组成

★ 任务分析

稳压二极管正常时工作在反向击穿状态，当稳压二极管处于该状态时，即使流过它的电流有较大变化，其两端电压也基本不变。这就是说当其反向击穿后，继续增加电源电压，二极管两端电压也基本不变，这就是它的稳压作用。

★ 任务实施

1. 接线

把电阻与稳压二极管反向串联。

2. 通电测量

如图 5-3-3 所示接上电源,调节电源输出电压,测量稳压二极管两端电压,观测实验的现象。

图 5-3-3   电源电压上升时，稳压二极管两端电压不再升高

★ 任务总结

当电源电压逐渐上升时，起初稳压二极管两端的反向电压也随之上升。但当稳压二极管两端的反向电压上升到一定值后，即使再往上调电源电压，该反向电压也不再上升，这个值就是稳压二极管的稳压值。

★ 知识问答

1. 稳压二极管与普通二极管有什么区别？

答：普通二极管的反向击穿电压较高（如 100V），而稳压二极管的反向击穿电压相对要低得多（如 6.3V）。

2. 稳压二极管一般工作在什么状态？

答：稳压二极管的作用是利用它在反向击穿时两端电压基本稳定的特性来实现电路的稳压功能，故一般稳压二极管工作在反向击穿状态。

3. 双向稳压二极管为什么能双向稳压？

答：双向稳压二极管由两个普通稳压二极管反向串联而成，无论外加电压的极性如何，总有一个二极管工作在反向击穿状态，另一个工作在正向导通状态，故能双向稳压。

★ 知识拓展

最简单的稳压电路

如图 5-3-4 所示电路，调节电源输出电压，开始时负载电阻两端电压随着电源电压的上升也在逐渐上升，但当电源电压上升到一定值以后，负载电阻两端的电压基本不变。

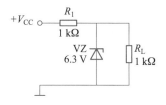

图 5-3-4 最简单的稳压电路

这是因为开始时，电源电压较低，加在稳压二极管上的电压也较低，当输入电压上升到一定值后，稳压二极管上的电压达到其反向击穿电压，稳压二极管反向击穿后，其两端电压基本不变，负载电压也稳定在这一值。

那么该电路在输入电压达到多大时，负载两端电压才基本稳定呢？如接上 8V 电源时，即使不接稳压二极管，负载电压才 4V，当然不可能因为接了稳压二极管，输出电压就有 6.3V。

当电源电压升至 12.6V 以上时,若不接稳压二极管,负载电压在 6.3V 以上,所以稳压二极管反向击穿,输出电压就为 6.3V。此后,即使电源电压有适当升高,输出电压还是 6.3V。

有兴趣的同学还可以算出,在不同情况下 R_1、R_L、稳压二极管的实际功耗。

任务 4 单相桥式整流电路的制作与测试

★ 任务目标

1. 学会桥式整流电路的制作。
2. 认识整流电路的电流路径。

★ 任务描述

制作图 5-4-1 所示的桥式整流电路,并观察发光二极管的发光情况。

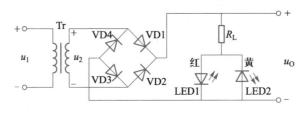

图 5-4-1 桥式整流电路

★ 知识准备

在整流电路中,当二极管正向导通时,其压降约为 0.7V,为便于分析,把整流二极管看作理想元件,即认为它的正向导通电阻为零,反向电阻为无穷大。但在实际应用中,应考虑到二极管上有管压降,整流后所得波形的输出幅度会减小 0.6~1V。

常见的整流方式有:半波整流、全波整流、桥式整流。

1. 半波整流

如图 5-4-2 所示,在半波整流电路中,由于只有一半时间电路中有整流输出,故电源利用率低,输出脉动幅度大,其输出波形如图 5-4-3 所示。

2. 全波整流

如图 5-4-4 所示, 全波整流电路可以看作是由两个半波整流电路组合成的,其变压器二次线圈中间有一个中心抽头,把二次线圈分成两个对称的绕组。

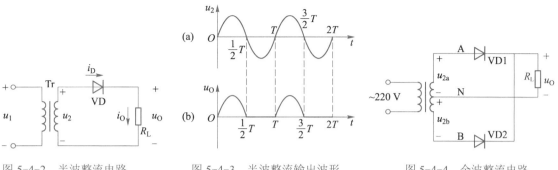

图 5-4-2　半波整流电路　　　　图 5-4-3　半波整流输出波形　　　　图 5-4-4　全波整流电路

如图 5-4-5 所示，在全波整流电路中，在二次电压的正半周，即变压器二次线圈感应出的电压为上正下负时，二次线圈上半部分工作，二极管 VD1 导通。

如图 5-4-6 所示，在二次电压的负半周，即变压器二次线圈感应出的电压为上负下正时，二次线圈下半部分工作，二极管 VD2 导通。

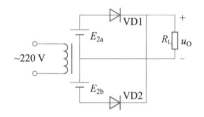
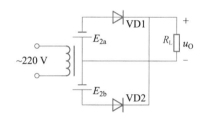

图 5-4-5　u_2 正半周电源等效电路　　　　　　图 5-4-6　u_2 负半周电源等效电路

由于两个整流元件 VD1、VD2 轮流导通，结果在任一半周，负载电阻 R_L 上都有同一方向的电流通过，因此称为全波整流。图 5-4-7 所示为全波整流电路输出波形，图中 u_2 为变压器 A 抽头与中心抽头 N 之间电压的瞬时值，亦为变压器中心抽头 N 与 B 抽头之间电压的瞬时值，即 $u_2 = u_{2a} = u_{2b}$。

全波整流电路需要变压器有一个中心抽头，这给变压器的制作带来麻烦，并使变压器变大。

3．桥式整流

如图 5-4-8 所示，与全波整流电路相比，桥式整流电路多了两个整流二极管，但变压器不需要中心抽头，在相同输出电压情况下，变压器二次线圈匝数少了一半。

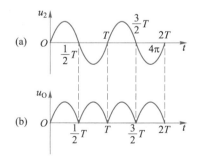
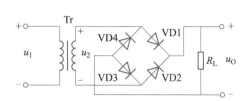

图 5-4-7　全波整流电路输出波形　　　　　　图 5-4-8　桥式整流电路

桥式整流过程：在二次电压的正半周，即变压器二次线圈感应出的电压为上正下负时，二极管 VD1、VD3 导通，VD2、VD4 截止，在负载 R_L 上得到上正下负的输出电压。在二次电压的负半周，VD1、VD3 截止，VD2、VD4 导通，流过负载 R_L 的电流方向不变。

图 5-4-9 所示为桥式整流电路的输出波形，此波形与全波整流电路的输出波形基本一致，图中 u_2 为变压器二次电压的瞬时值。

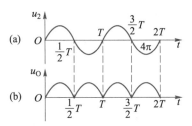

图 5-4-9　桥式整流电路的输出波形

★ 任务分析

本任务中电路由交流降压、桥式整流、负载三部分组成，其中降压变压器将电网交流电压（220V 或 380V）变换成符合需要的交流电压，再经过整流后可获得电子设备所需的直流电压。

在负载部分除电阻外，另又反向并联了两个发光二极管，其目的是为了直观地指示整流后的电流方向。

★ 任务实施

1. 元器件准备及检测

元件序列	参数或型号	元件序列	参数或型号
Tr	220V/12V 变压器	R_L	390Ω
VD1、VD2、VD3、VD4	1N4007	LED1　LED2	发光二极管
电源插头	二脚插头		

2. 绘制电路接线图（如图 5-4-10 所示）

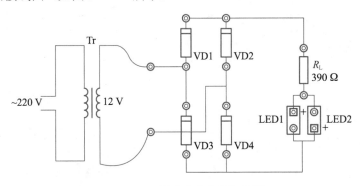

图 5-4-10　桥式整流电路接线图

3．电路安装

（1）变压器一次侧、二次侧不能接错。一次侧引线露铜部分必须用黑胶布包缠绝缘。

（2）这里的关键是四个整流二极管的方向，必须仔细观察分辨，不能焊错。

装接完成的单相桥式整流电路实物如图 5-4-11 所示。

图 5-4-11　单相桥式整流电路实物图

4．电路功能测试

在确认接线无误后，接 220V 交流电源，观察发光二极管发光情况。

★ 知识问答

1．观察变压器的线圈情况，输入端与输出端有什么不同？

答：此为降压变压器，输入端线圈细而匝数多，输出端线圈粗而匝数少。

2．若图 5-4-10 中 VD1 接反，会出现什么情况？

答：若接反，则在整流负半周，电路经 VD2、VD1 出现短路。

3．若把图 5-4-10 中 VD4 剪断，会出现什么情况？

答：若将 VD4 剪断，电路只有负半周正常工作，正半周不工作，即变为半波整流。

4．电路接通后，只有发光二极管 LED1 发亮，说明什么？

答：说明不管在电源的正半周还是负半周，流过负载电阻 R_L 的电流都是从上往下的，这就是二极管的整流作用，即能把交流电整流成脉动的直流电。

★ 知识拓展

一、多相桥式整流电路

在多相桥式整流电路中最常见的为三相桥式整流电路，如图 5-4-12 所示，图中左边为变压器感应出来的三相正弦交流电，分别为 u_{AN}、u_{BN}、u_{CN}，在任何瞬间，只要 A、B、C 三点存在电位差，那么就有整流电压的输出。

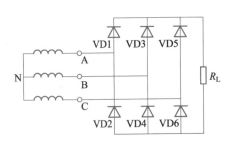

图 5-4-12 三相桥式整流电路

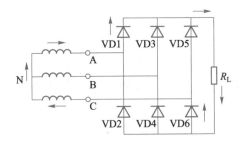

图 5-4-13 A 点电位最高，C 点电位最低时的电流路径

如图 5-4-13 所示，如在某瞬间，A 点电位最高，C 点电位最低，那么二极管 VD1 和 VD6 正向导通，其他都截止。电流的流向就是从电源电位最高点经负载流向最低点，再经电源内部回到最高点。

三相整流的特点是整流出来的电压脉动系数明显减小。在电力电子电路中，三相整流用得很多，特别是三相可控整流，可实现输出电压的调节。

二、桥式整流模块

电子技术中常采用模块化设计思路，如能合理地应用各种模块，能起到事半功倍的效果。对于各应用模块，关键是需要知道其外特性。图 5-4-14 所示为单相桥式整流模块，图 5-4-15 所示为三相桥式整流模块。

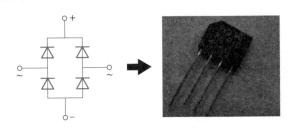

图 5-4-14 单相桥式整流模块

图 5-4-15 三相桥式整流模块

任务 5 滤波电路作用研究

★ **任务目标**

1. 学会桥式整流滤波电路的制作，认识电容的滤波作用。
2. 学会用示波器测试电压波形。

★ **任务描述**

制作图 5-5-1 所示整流滤波电路，并用示波器观察负载两端的电压波形。

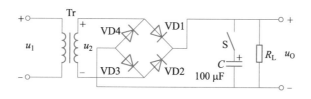

图 5-5-1　整流滤波电路

★ 知识准备

我们知道粮仓的作用是储存粮食，在需要食用时把它从仓库里拿出来。同样，电容器的基本作用就是储存电荷，当二极管整流电压大于电容两端电压时，电容充电，其两端电压随之上升，当整流电压小于电容两端电压时，二极管反向截止，电容开始放电，随着放电的进行，电容两端电压随之下降。当下一次整流电压大于电容两端电压时，电容又开始充电，如此重复。这样的结果，使负载两端的电压脉动减小，从而达到滤波的效果。

★ 任务分析

电路通过降压变压器把 220V 交流电降压，后经四个二极管整流，输出脉动的直流电。当开关 S 断开时，由于电容 C 被断开，故无滤波作用，输出电压波形的脉动较大；当开关 S 闭合时，由于电容 C 的滤波作用，输出电压波形的波谷明显抬高，脉动明显减小。图 5-5-2 所示为有无滤波电容的电压波形对比。

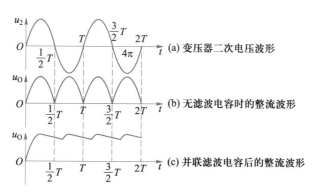

图 5-5-2　有无滤波电容的电压波形对比

★ 任务实施

1. 元器件准备及检测

元件序列	参数或型号	元件序列	参数或型号
Tr	220V/12V 变压器	R_L	390Ω
VD1、VD2、VD3、VD4	1N4007	S	按钮开关

2．绘制接线图

图 5-5-3 所示为整流滤波电路的接线图。

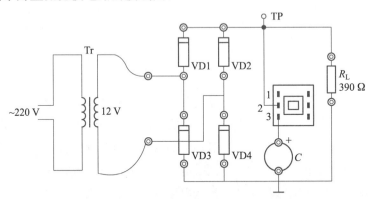

图 5-5-3　整流滤波电路的接线图

3．电路安装

变压器一次侧、二次侧不能接错，一次侧引线露铜部分必须用黑胶布包缠绝缘。注意四个整流二极管的方向不能搞错。图 5-5-4 所示为桥式整流滤波电路的实物图。

图 5-5-4　桥式整流滤波电路的实物图

4．电路功能测试

这里牵涉到示波器的使用，现在多采用数字式示波器，具体因型号不同操作方法有所区别，这里不再细述，仅就测量时应特别注意的事项做提示：

（1）所谓某点的电压波形，其实就是该点相对于接地点的电压波形。

（2）注意探头衰减系数，一般在正式测量前，可用示波器自身的标准信号进行校准。

（3）注意信号的耦合方式。采用交流耦合时，输入的是信号的交流成分；采用直流耦合时，则同时有直流成分与交流成分输入示波器。

（4）如果示波器测到的是波形线很粗、有明显抖动的波形，一般是示波器没真正测到波形。

在确认接线无误后，接 220V 交流电源，并用示波器分别测量 S 断开与闭合时 TP 测试点的电压波形。图 5-5-5 所示为 S 断开时 TP 测试点的电压波形，图 5-5-6 所示为 S 闭合时 TP 测试点的电压波形。

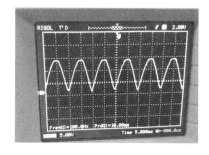　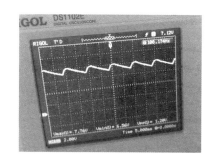

图 5-5-5　S 断开时 TP 测试点的电压波形　　　图 5-5-6　S 闭合时 TP 测试点的电压波形

★ 任务总结

当 S 闭合时，由于电容的滤波作用，电压波形的谷点电位明显抬高，脉动性下降。

★ 知识问答

1. 在变压器输出的正半周，二极管 VD1、VD4 是否一直导通？

答：并不是，只有当整流输出的电压高于电容两端电压时，二极管才导通。

2. 如果图 5-5-3 中电容的容量较小，对电路有何影响？

答：如果电容的容量较小，引起回路的时间常数（R_LC）过小，电容对负载放电时，其端电压下降较快，电路的脉动性增大，滤波效果不好。

3. 图 5-5-3 所示电路正常工作时，电容端电压的上升速度与下降速度是否一致？

答：由于充电回路的动态电阻很小，当整流电压高于其端电压时，电容的端电压几乎随整流电压的上升而同步上升，而放电时，由于放电回路的时间常数（R_LC）较大，放电速度较慢，电容的端电压下降较慢。

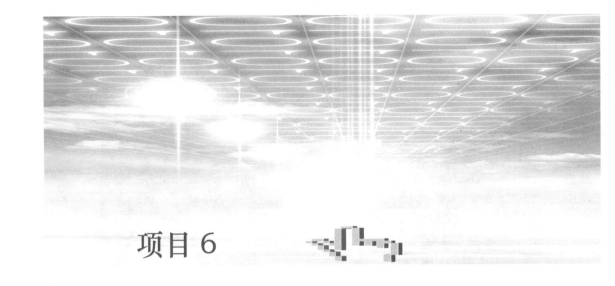

项目6

三极管的基本特性与简单应用

任务1 三极管的基本特性研究

★ 任务目标

1. 了解三极管的电流控制作用。
2. 认识三极管的三种工作状态。

★ 任务描述

完成图 6-1-1 所示电路制作，保持 E_2 为 10V 不变，观察并记录 E_1 电压逐渐升高时，I_B、I_C 的变化情况，分析三极管有什么特点。

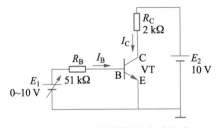

图 6-1-1 三极管特性实验电路

★ **知识准备**

三极管是电子电路中最基本的元器件之一，是构成放大电路必不可少的元器件，常见三极管如图 6-1-2 所示。

图 6-1-2　常见三极管

1．三极管的引脚

三极管，顾名思义具有三个电极（当然有三个引脚的电子元件并非都是三极管），由两个 PN 结构成；共用的一个电极称为三极管的基极，用字母 B（Base）表示；其他的两个电极，一个称为集电极，用字母 C(Collector)表示，另一个称为发射极，用字母 E（Emitter）表示。

2．三极管的型号

由于半导体掺杂与组合的不同，可以形成两种不同类型的三极管，一种是图 6-1-3 所示的 NPN 型三极管，另一种是图 6-1-4 所示的 PNP 型三极管。

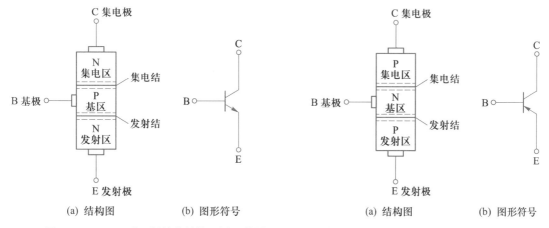

(a) 结构图　　(b) 图形符号　　　　　　　　(a) 结构图　　(b) 图形符号

图 6-1-3　NPN 型三极管的结构及图形符号　　图 6-1-4　PNP 型三极管的结构及图形符号

常见三极管图形符号中,有一个箭头的电极是发射极,箭头朝外的是 NPN 型三极管,箭头朝内的是 PNP 型。三极管符号中箭头所指的方向是其正常工作时流过发射极的电流方向。

3. 三极管的电流放大作用

只要满足三极管发射结正向偏置、集电结反向偏置的条件,那么三极管基极电流的较小变化就能控制集电极电流的较大变化。

★ 任务实施

1. 元件选择及电路焊接

电路中选用的是箭头朝外的三极管,即 NPN 型三极管,常见的有 9013、9014、8050。注意,9012、8550 为箭头朝内的三极管,即 PNP 型三极管,不能选用。

不同型号的三极管其引脚排列也不尽相同,常用小功率三极管如 8050、9013 的引脚排列如图 6-1-5 所示。

焊接时,三极管各引脚位置不能搞错,因三极管两个 PN 结内部掺杂不同,所以 E 与 C 不能对换。

2. 电路功能测试及记录

如图 6-1-6 所示,电路焊接完成、检查无误后通电。这个任务要求我们测量在改变基极电流 I_B 时集电极电流 I_C 的变化情况,其中 I_B 的变化通过改变电源 E_1 的电压来实现。

1—发射极 2—基极 3—集电极

图 6-1-5 8050、9013 的引脚排列

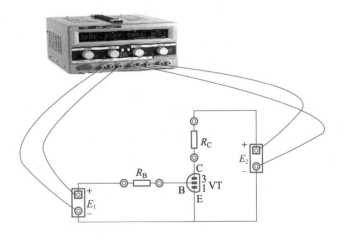

图 6-1-6 电路接线示意图

如图 6-1-7 所示,基极电流 I_B、集电极电流 I_C 可通过测量串联电阻两端的电压间接求得,而并非直接串入电流计。

逐渐增加电源 E_1 的电压,分别测得各组 U_{R_B} 与 U_{R_C} 的值,并把测量结果填入表 6-1-1 中,再求出各组 I_B、I_C 与 I_C/I_B 的数值,并填入表中,观察其中存在的规律。

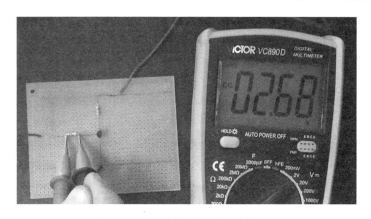

图 6-1-7　基极电流 I_B 的间接测量

表 6-1-1　测量数据记录

U_{R_B}						
I_B						
U_{R_C}						
I_C						
I_C/I_B						

★ 任务总结

1. 当不接 E_1 或所加 E_1 电压为负（即加反向电压）时基极电流为 $I_B=0$，测到集电极电流 I_C 也为 0。

2. 当 E_1 加大到一定值后，开始出现一定的基极电流 I_B，并且这时也测到了集电极电流 I_C，适当增大 E_1 值，基极电流 I_B 也相应增大，并发现三极管集电极电流 I_C 有较大增加。同时，集电极电流 I_C 与基极电流 I_B 的比值是一个常数，这个常数称为三极管的放大系数。三极管基极电流的较小变化能控制集电极电流的较大变化，这就是三极管的电流控制作用。

3. 仔细研究，发现对某一确定的三极管，只要维持基极电流 I_B 不变，即使增加 E_2 的值，使三极管 C、E 之间的电压增加，集电极电流 I_C 也保持不变，这就是三极管的恒流特性。

4. 如果保持 E_2 不变，继续增大 E_1 值，基极电流 I_B 也继续增大，但发现达到一定数值时，三极管集电极电流 I_C 不再增加，也就是说集电极电流 I_C 不再受基极电流 I_B 的控制。这是因为三极管导通的最好情况就是 C、E 之间短路，在本实验中，若 V_{CC} 为 12V，由于 R_C 为 2kΩ，则集电极电流最多只有 6mA。

★ 知识链接

三极管的工作状态

从以上的情况可以看出，三极管有三种工作状态，分别是截止状态、放大状态、饱和状态。

1. 截止状态：当加在三极管发射结的电压小于 PN 结的导通电压时，基极电流为零，集电极电流和发射极电流都为零，此时三极管失去了电流放大作用，集电极和发射极之间相当于开关的断开状态，称三极管处于截止状态。

2．放大状态：当加在三极管发射结的电压大于 PN 结的导通电压并处于某一恰当的值时，三极管的发射结正向偏置，集电结反向偏置，此时基极电流对集电极电流起着控制作用，使三极管具有电流放大作用，其电流放大系数 $\beta = I_C/I_B$，这时三极管处于放大状态。

3．饱和状态：当加在三极管发射结的电压大于 PN 结的导通电压且当基极电流增大到一定程度时，集电极电流不再随着基极电流的增大而增大，而是处于某一定值附近不再变化，这时三极管失去电流放大作用，集电极与发射极之间的电压很小，集电极和发射极之间相当于开关的导通状态。三极管的这种状态称为饱和导通状态，简称饱和状态。

从三极管伏安特性曲线上看，三极管的三种不同工作状态，对应三极管的三个不同工作区域，故也称三极管的三种工作区，即截止区、放大区、饱和区。

★ 知识问答

1．某三极管的电流放大系数为 100，它表示什么意义？

答：表示该三极管在满足放大条件下，基极电流变化 1 个单位，集电极电流变化 100 个单位。

2．三极管电流放大作用的实质是什么？

答：实质是三极管基极电流对集电极电流的控制作用，显然，集电极电流不是由三极管产生，而是在 I_B 的控制下由电源电压提供的。

3．为什么增大电源 E_1 电压值时，三极管 BE 之间电压不太升高？

答：三极管内部 BE 之间其实就是一个 PN 结，所以其特性与二极管一致，当 E_1 增大时，BE 之间基本维持在 0.7V 不变，增加很不明显。

4．三极管基极电流增大时，其集电极与发射极之间电压 U_{CE} 如何变化？

答：基极电流 I_B 增大时，集电极电流 I_C 也明显增大，导致集电极与发射极之间电压 U_{CE} 减小。若继续增大电流 I_B 值，U_{CE} 将减小到接近 0，此后，再增加电流 I_B 值，电流 I_C 将不再增加，电路进入饱和状态。

5．拿到手中的三极管应清楚哪些参数？

答：三极管有许多参数，其中比较重要的有：

（1）三极管的型号：是 NPN 型还是 PNP 型。

（2）三极管的引脚排列，不清楚的可上网查相关资料。

（3）三极管的电流放大系数。

（4）三极管的热稳定性，简单来说就是三极管温度升高时，I_{CEO} 的变化情况。I_{CEO} 是指基极开路时，集电极电流 I_C 的值。I_{CEO} 越小，管子质量越好。

（5）三极管的耐压。一般关心集电极与发射极间的最大反向电压 U_{CEO}。

（6）三极管最大集电极允许电流 I_{CM}。

6．如图 6-1-8 所示电路，电位器 R_{B2} 的阻值从最大降至最小的过程中，发光二极管的发光情况如何变化？

答：在电位器的阻值很大时，流过三极管的基极电流 I_B 很小（约 0.01mA），三极管处于放大状态，集电极电流 I_C 受 I_B 控制，故 R_{B2} 的阻值下降的过程中，发光二极管的亮度逐渐增加，

若不断减小 R_{B2} 的阻值，三极管将进入到饱和状态，此后即使再减小 R_{B2} 的阻值，发光二极管的亮度也不再增强。

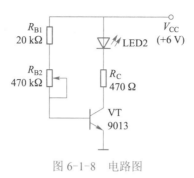

图 6-1-8　电路图

7．上题中 R_{B1} 的作用是什么？

答：R_{B1} 是限流电阻，其作用是防止 R_{B2} 的阻值为 0 时，三极管基极电流失控而损坏。

★　知识拓展

如何判断三极管的工作状态

判断三极管 VT 的工作状态，可通过测量三个电极的电位得到。

截止状态时，发射结反向偏置，即 $U_{BE} \leqslant 0$，此时 $I_B = 0$，$I_C = 0$，CE 之间就如开关断开，CE 间压降约等于电源电压。

放大状态时，发射结有约 0.7V 正向偏置电压，即 $U_{BE} = 0.7V$，CE 之间有一定的电压，$0.7V \leqslant U_{CE} \leqslant V_{CC}$。

放大状态与饱和状态的共同点是发射结正偏，不同之处是三极管 CE 间的压降，三极管越接近饱和，CE 间电压越小。如图 6-1-9 所示，当三极管饱和导通时，CE 之间就如开关接通，压降几乎为 0。

三极管各种工作状态时的特点见表 6-1-2。

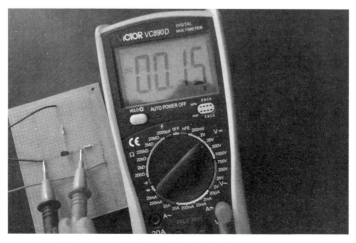

图 6-1-9　三极管处于饱和状态时 U_{CE} 几乎为零

表 6-1-2 三极管各种工作状态时的特点

三极管的工作状态	U_{BE}	U_{CE}
截止	≤0	$=V_{CC}$
放大	≈0.7V	$0.7V≤U_{CE}≤V_{CC}$
饱和	≈0.7V	≈0

三极管故障的判断

三极管正常导通时 U_{BE} 约为 0.7V，若偏压大于 0.8V，则可认为 BE 之间已开路。若 CE 间开路，则 $I_C=0$，$U_{CE}=V_{CC}$，如图 6-1-10 中测得 U_{BE} 为 2.21V，说明 BE 之间存在断路，可能是三极管基极虚焊或三极管损坏。

图 6-1-10 三极管 BE 间的不正常电压

任务 2 三极管断线报警电路的制作

★ 任务目标

通过三极管断线报警电路的制作，了解三极管开关状态的实际应用。

★ 任务描述

完成图 6-2-1 所示断线报警电路的制作。

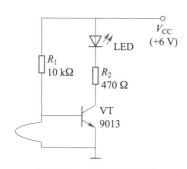

图 6-2-1 断线报警电路

★ 任务分析

这是利用三极管开关作用制作的一个小电路，利用发光二极管作为防盗报警指示，防盗线布置于窗台外，正常情况下当防盗线接通时，三极管处于截止状态，发光二极管不亮。当小偷爬窗时，防盗线被碰断，三极管有足够的基极电流，电路进入饱和状态，发光二极管发光。

实际使用时可以在发光二极管处接负载。

★ 任务实施

1．元器件准备及检测

元件序列	参数或型号	元件序列	参数或型号
R_1	10kΩ	VT	9013
R_2	470Ω	LED	发光二极管

2．绘制接线图及电路焊接

如图 6-2-2 所示，简单画出装配图。注意三极管型号、三个电极位置不能接错，否则电路无法正常工作。发光二极管的极性不能接错。限流电阻 R_2 的阻值不能过大，以免 LED 不能正常点亮。

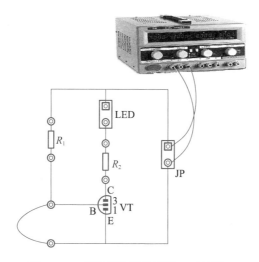

图 6-2-2 断线报警器装配图（元件面）

3．电路功能测试

如图 6-2-3 所示，正常情况下防盗线接通，LED 熄灭。防盗线断开时 LED 发光。

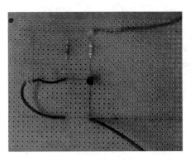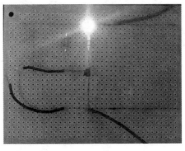

图 6-2-3 断线报警电路成功时的现象

★ 知识回答

1．为什么防盗线接通时，发光二极管不亮？

答：当防盗线接通时，三极管 BE 间被防盗线短路，U_{BE} 为 0，基极电流为 0，三极管处于截止状态，故发光二极管不亮。

2．要使防盗线断开时三极管进入饱和状态，对 R_1 的阻值有何要求？

答：R_1 的阻值小点，相对来说基极电流就大些，电路更容易进入饱和状态。当 $\beta I_B \geqslant \dfrac{V_{CC}}{R_2}$ 时，电路进入饱和状态。

3．若电路中三极管 C、E 极接反，会出现什么情况？

答：若电路中三极管 C、E 极接反，虽然基极还有电流流入，但三极管 CE 不再导通，故发光二极管 LED 不亮。

4．若电路中发光二极管正、负极接反，会出现什么情况？

答：若电路中发光二极管正、负极接反，由于发光二极管的单向导电性，故不发光。

任务 3 三极管水敏控制电路的制作

★ 任务目标

1．理解三极管的开关作用。
2．了解用继电器实现大功率电器控制的原理。

★ 任务描述

完成图 6-3-1 所示三极管水敏控制电路的安装与试验。

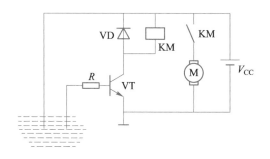

图 6-3-1　三极管水敏控制电路

★ 知识准备

继电器实物如图 6-3-2 所示，它主要由电磁线圈、触点对等组成，以实现较小电流控制较大电流的目的，通常应用于自动控制电路中。

图 6-3-2　继电器实物

继电器线圈用一个长方框符号表示，文字符号用"J"或"KM"表示。继电器的触点一般按电路连接的需要，分别画到各自的控制电路中，通常同一继电器的触点与线圈旁分别标注上相同的文字符号，并将触点组分别编码，以示区别。

继电器的触点有三种基本形式：

（1）动合（常开）型，线圈不通电时两个触点是断开的，通电后两个触点闭合。

（2）动断（常闭）型，线圈不通电时两个触点是闭合的，通电后两个触点断开。

（3）转换型。这种触点组共有三个触点，即中间是动触点，上下各一个静触点。线圈不通电时，动触点和其中一个静触点断开，另一个闭合；线圈通电后，动触点动作，使原来断开的闭合，原来闭合的断开，达到状态转换的目的。

★ 任务分析

在图 6-3-1 所示电路中，当两条感应线同时触及可导电液体时，三极管 VT 饱和导通，KM 线圈通电，KM 触点闭合，直流电动机M通电工作。当感应线离开导电液体时，VT 截止，KM 线圈断电，KM 触点断开，直流电动机M断电停止。

R 的作用：防止两条感应线接通时，烧毁三极管发射结。

VD 的作用：若无 VD，当三极管从饱和状态突然变为截止状态时，继电器电磁线圈由于电流惯性，电路很难被截断，并且电磁线圈感应出的高压极易使三极管击穿。有了 VD 后，三极管截止瞬间能为电磁线圈的感应电流提供旁路通道（详见电感器的自感现象）从而保护电路。

★ 任务实施

1. 元器件准备及检测

元件序列	参数或型号	元件序列	参数或型号
R	10kΩ	VD	1N4148
KM	12V，10A	VT	8050
M	12V，18W		

2. 布线图设计

图 6-3-3 所示为水敏控制电路布线图（元件面），电路设计前，首先根据对应继电器型号，弄清其引脚功能，然后确定电路布线，再根据布线设计进行电路板焊接。

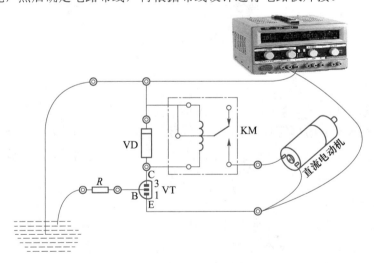

图 6-3-3 水敏控制电路布线图（元件面）

3. 电路功能测试

水敏控制电路实物如图 6-3-4 所示，试验前检查电路焊接是否正确，有无漏焊、虚焊、粘连等情况，确认无误后通电，注意通电电压应与继电器电压相一致。实际试验时，用湿手同时捏住两条感应线即可。

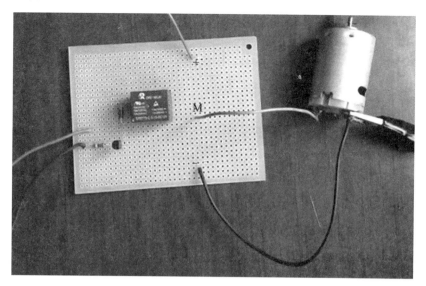

图 6-3-4　水敏控制电路实物图

★ 知识问答

1．为什么当感应探头离开水面后，电动机不工作？

答：因为当探头离开水面后，三极管无基极偏置，进入截止状态，KM 线圈断电，KM 触点断开，因此电动机不工作。

2．电路中三极管起什么作用？

答：由于水的导电能力较弱，不可能直接带动继电器工作，故需要三极管的信号放大，当感应探头接触到水后，形成一定的基极电流，一般设计的限流电阻 R 阻值不大，在带动继电器的情况下，仍能保证三极管处于饱和导通状态。

3．为什么要在三极管基极接上电阻 R？

答：三极管是非线性器件，若没有限流电阻 R，如果两条感应线被短接，则三极管 BE 间的 PN 结将直接烧坏。

4．若与继电器线圈反向并联的二极管改成正向并联，情况会怎样？

答：若二极管改成正向并联，不但不能为电磁线圈的感应电流提供旁路通道，而且在三极管导通期间直接构成短路通道，烧毁电路。

5．如何用 PNP 型三极管实现电动机的水敏控制？

答：电路设计的关键是在探针接触到水后，三极管进入饱和导通状态。探针离开水后，进入截止状态，参考电路设计如图 6-3-5 所示。

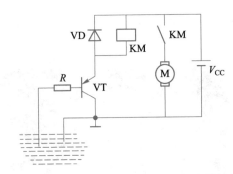

图 6-3-5 用 PNP 型三极管实现的电动机水敏控制电路

任务 4 三极管控制的延时灯电路的制作

★ **任务目标**

1. 认识三极管的基本功能，学会利用三极管制作一些简单的电路。
2. 掌握电容器充放电过程在延时电路中的作用。

★ **任务描述**

装接图 6-4-1 所示延时灯电路，通电并观察按下按钮后发光二极管的发光情况。

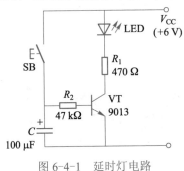

图 6-4-1 延时灯电路

★ **任务分析**

这是一个利用三极管的放大作用、电容器的充放电特性而制作的延时灯电路。如图 6-4-2 所示，按下按钮时，由于充电回路的阻值很小，故电源迅速对电容充电，电容两端电压达到电源电压。同时形成三极管的基极电流，使三极管进入饱和状态，LED 发光。

如图 6-4-3 所示，松开按钮时，电容 C 通过电阻 R_2 和三极管基极放电，电压逐渐降低，但此时三极管仍处于饱和状态，LED 正常发光。

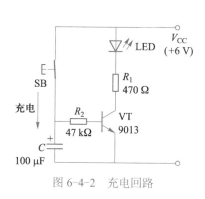
图 6-4-2　充电回路

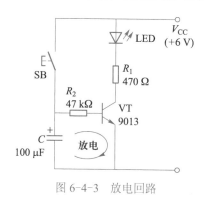
图 6-4-3　放电回路

经一定时间，电容两端电压降低到一定值后，三极管退出饱和状态，此时 I_C 随着 I_B 的降低而下降，发光二极管亮度逐渐下降。

最后，电容放电结束，三极管进入截止状态，LED 熄灭。

★　**任务实施**

1．元器件准备及检测

元件序列	参数或型号	元件序列	参数或型号
R_1	470Ω	SB	无自锁按钮
R_2	47kΩ	LED	发光二极管
C	100μF	VT	9013

2．装接电路

3．电路功能测试

延时灯电路实物如图 6-4-4 所示，若电路功能正常，则按下按钮时，LED 发光，经过一定时间后，LED 亮度降低，最后慢慢熄灭。

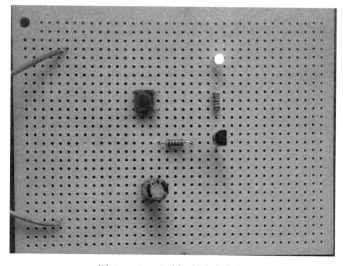
图 6-4-4　延时灯电路实物图

★ 知识问答

1. 若把 100μF 的电容改成 10μF 的电容，LED 发光情况有什么变化？

答：由于电容量减小，电容放电时间缩短，三极管较早进入截止状态，LED 发光时间缩短。

2. 若把 47kΩ 电阻 R_2 换成 470kΩ，LED 发光情况有什么变化？

答：由于电阻 R_2 的阻值增大，电容放电电流减小，放电时间增加，三极管导通时间延长，故 LED 发光时间延长。当然 R_2 值太大的话，会使三极管退出饱和状态，进入到放大状态，LED 发光亮度下降。

3. 若把三极管去掉，后面直接接 LED，其发光情况又如何？为什么？

答：如图 6-4-5 所示，电阻 R_2 的阻值不变，虽然放电速度没有下降，但由于放电电流太小，LED 基本不发光。若减小电阻 R_2 的阻值，如减至 470Ω，这样一来由于放电太快，LED 很快熄灭。

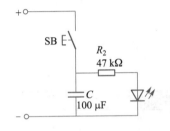

图 6-4-5 去掉三极管的电路

★ 知识拓展

触摸延时灯电路

触摸延时灯电路如图 6-4-6 所示，图中电路利用复合三极管放大，当用手触摸金属片时，人体杂波引起的感应电流使三极管 VT2 饱和导通，对电容 C 迅速充电，松手后电容通过三极管 VT3 基极放电，形成基极电流，使其饱和导通，LED 发光，当延时一定时间后，电容放电完毕，VT3 恢复截止，LED 熄灭。

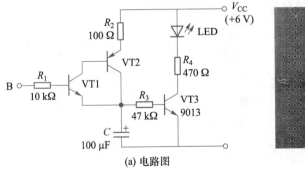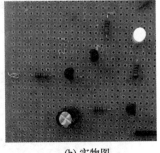

(a) 电路图　　　　　　　　　　(b) 实物图

图 6-4-6 触摸延时灯电路

任务 5 延时灯电路的制作

★ **任务目标**

1. 认识三极管的基本功能，学会利用三极管制作一些简单的电路。
2. 掌握电容器充放电过程在延时电路中的作用。
3. 掌握桥式整流电路的组成及其在电路中的作用。

★ **任务描述**

根据图 6-5-1 所示电路制作延时灯。

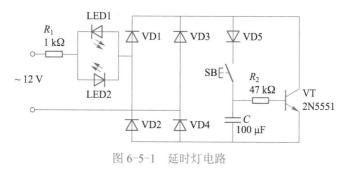

图 6-5-1 延时灯电路

★ **任务分析**

该电路使用的是交流 12V 电源，用 R_1 及两个反向并联的发光二极管作为负载，接到最前面，四个二极管构成桥式整流电路，三极管 VT 作为灯的控制元件。按下 SB，电容充电，三极管饱和导通，两个发光二极管发光。松开按钮一定时间后，电容放电结束，三极管截止，发光二极管熄灭。

★ **任务实施**

1. 元器件准备及检测

元件序列	参数或型号	元件序列	参数或型号
R_1	1kΩ	VD1～VD5	1N4148
R_2	47kΩ	VT	2N5551
C	100μF	LED1	发光二极管
SB	按钮	LED2	发光二极管

2．绘制装配图（如图 6-5-2 所示）

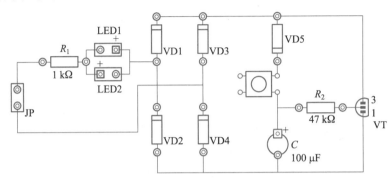

图 6-5-2　延时灯电路装配图

3．电路焊接及功能测试。

延时灯电路实物如图 6-5-3 所示，若电路功能正常，则按下按钮时，发光二极管发光，经过一定时间后，发光二极管亮度降低，最后慢慢熄灭。

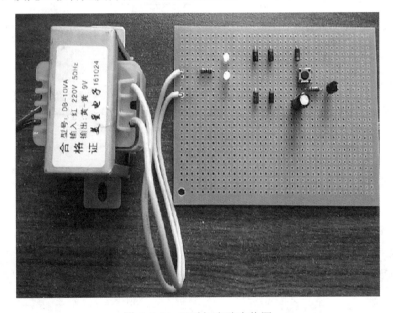

图 6-5-3　延时灯电路实物图

★　知识问答

1．按下 SB，两个发光二极管都发光一段时间，说明什么情况？

答：这实际上是用在交流电上的延时灯电路，只是灯泡用电阻 R_1 与两个发光二极管替代。为了安全起见，电源用 12V 交流电。

按下 SB，两个发光二极管都发光一段时间，首先说明流过 LED1、LED2 支路的是交流电，此交流电经四个二极管桥式整流后变成脉动直流电。按下 SB 时，电容充电，三极管饱和导通，两个发光二极管都发光。随着电容的放电过程，三极管退出饱和状态，最后进入截止状态，发光二极管熄灭。

2．如图 6-5-1 所示电路，接上 VD5 有什么用意？

答：接上 VD5 的目的是为了防止三极管饱和导通而按钮还没松开时，电容通过三极管 C、E 极放电。

3．图 6-5-1 所示电路，若二极管 VD1 接反，会出现什么情况？

答：LED1 发光，LED2 不发光。由于 VD1 接反，在交流电的正半周无法整流，而在交流电负半周由 VD3、VD1、LED1、R_1 构成回路，故无需按下按钮，只要接上电源 LED1 即发光。

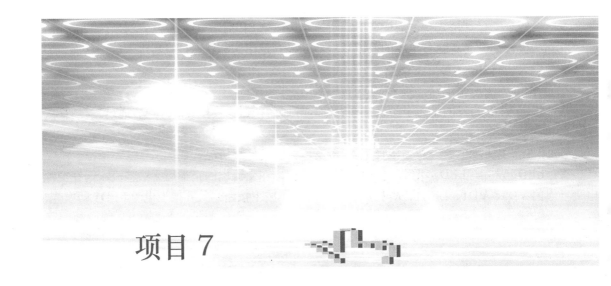

项目 7

直流正反馈电路

任务 1　按钮开关电路

★ **任务目标**

1. 了解直流正反馈的含义、特点及作用。
2. 了解按钮开关电路的双稳态特性。

★ **任务描述**

制作图 7-1-1 所示的按钮开关电路，要求当按下 ON 按钮时，发光二极管亮，按下 OFF 按钮时，发光二极管灭。

★ **知识准备**

直流正反馈

直流正反馈电路的特点是对直流信号具有强烈的正反馈作用，即反馈信号与原信号叠加后的幅度比原来更大，故反馈的结果只能使三极管饱和或截止，即电路只有开或关中的某一种状态，这就是电路的双稳态特性。

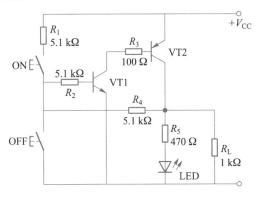

图 7-1-1　按钮开关电路

★ 任务分析

1. 开机电路

按下 ON 按钮，电流由 R_1、R_2 流经三极管 VT1 基极，VT1 饱和导通，VT2 也饱和导通，同时经 R_4、R_2 正反馈至 VT1，使三极管 VT1、VT2 继续饱和导通，故即使松开 ON 按钮，二极管仍继续发光。

2. 关机电路

按下 OFF 按钮时，VT1 截止，引起 VT2 也截止，负载断电，同时经 R_4、R_2 正反馈至 VT1，使三极管 VT1、VT2 继续截止，此后，即使松开 OFF 按钮，VT1 仍继续截止，VT2 也继续截止，发光二极管不亮。

3. 电路的双稳态（自锁特性）

按下 ON 按钮后，即使再松开，发光二极管仍继续发光；按下 OFF 按钮后，即使再松开，发光二极管也不亮，这就是电路的双稳态特性。

★ 任务实施

1. 元器件准备及检测

元件序列	参数或型号	元件序列	参数或型号
R_1	5.1kΩ	R_L	1kΩ
R_2	5.1kΩ	R_5	470Ω
R_3	100Ω	LED	发光二极管
R_4	5.1kΩ	VT1	8050
ON，OFF	无自锁按钮	VT2	8550

2. 绘制接线图（如图 7-1-2 所示）

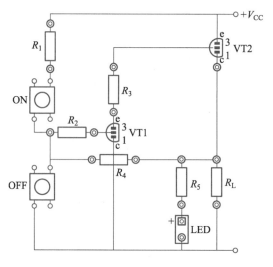

图 7-1-2 电路接线图

3. 电路安装

安装时应注意按钮引脚的通断情况、三极管型号与引脚排列、发光二极管的极性等。

4. 电路功能测试

若电路装接成功，则按下 ON 按钮时，发光二极管亮，如图 7-1-3 所示。按下 OFF 按钮时，发光二极管熄灭，图 7-1-4 所示。

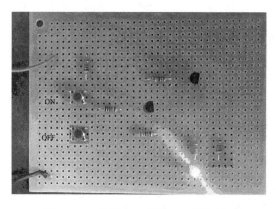

图 7-1-3 按下 ON 按钮，二极管亮

图 7-1-4 按下 OFF 按钮，二极管灭

★ 知识回答

1. 图 7-1-1 所示电路中，若 R_4 虚焊，电路会出现什么情况？

答：若 R_4 虚焊，由于电路本身的正反馈网络被断开，所以按下 ON 按钮时，发光二极管发光，但松开后，发光二极管立即停止发光。

2. 图 7-1-1 所示电路中，电阻 R_3 的作用是什么？

答：图中电阻 R_3 起到限流作用，以防止流过 VT2 的基极电流过大，一般 R_3 的阻值只需几欧至几十欧。

3．图 7-1-1 所示电路中，电阻 R_1 有何作用？

答：R_1 的作用是防止按钮 OFF 与 ON 同时按下时，电路出现短路情况。

4．图 7-1-1 所示电路中，若把负载 R_L 断开，发现按下 OFF 按钮时，LED 熄灭，松开 OFF 按钮时，LED 又发光，这是为什么？

答：这是因为三极管 VT2 有很小的漏电流，若接有负载 R_L，则这一漏电流无法使 R_L 上的电压达到 0.6V 左右，故三极管 VT1 无法导通。但若无负载 R_L，由于 LED 导通需约 2V 的电压，故这一漏电流将通过 VT1 基极构成回路，最后经正反馈，使三极管 VT1、VT2 迅速进入饱和状态，使 LED 发光。

5．直流正反馈电路有何特点？

答：由于该电路对直流信号有强烈的正反馈作用，故电路反馈后的结果只能是饱和或截止，即只有开或关两种状态，这就是电路的双稳态。

任务 2　双稳态电路的制作

★ 任务目标

1．认识直流正反馈的含义及作用。

2．学会双稳态电路的分析与制作方法。

★ 任务描述

制作图 7-2-1 所示双稳态电路，观察按下按钮 S1 后 LED1、 LED2 的情况，按下按钮 S2 后的情况又怎样。

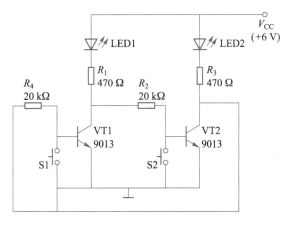

图 7-2-1　双稳态电路

★ 任务分析

这个电路的布置相当对称，三极管 VT1、VT2 采用直接耦合方式，其中 R_1、LED1 为三极管 VT1 的集电极负载，同时，LED1、R_1、R_2 又是三极管 VT2 的基极偏置电阻。同理，LED2、R_3、R_4 是三极管 VT1 的基极偏置电阻。

当电路接通时，由于电路参数不可能完全一致，如 VT1 导通，则 VT1 集电极电位下降，三极管 VT2 的基极电位下降，VT2 的集电极电位上升，反馈回来使三极管 VT1 的基极电位进一步上升，VT1 集电极电位进一步下降，这样的结果使三极管 VT1 迅速饱和导通，VT2 迅速截止。我们看到的现象是 LED1 发光，LED2 不发光。

这时我们看到的 LED1 发光是它其中的一个稳定状态，即不去干扰它，LED1 将一直发光。若按过按钮 S1 后，则 LED1 熄灭，LED2 发光，这是它的另一种稳定状态。

这种能维持两个状态中的任一稳定状态，直到有外加触发信号迫使它改变这种状态为止的电路，这就是双稳态电路。

★ 任务实施

1. 元器件准备及检测

元件序列	参数或型号	元件序列	参数或型号
R_1	470Ω	LED1，LED2	发光二极管
R_2	20kΩ	VT1，VT2	9013
R_3	470Ω	S1	无自锁按钮
R_4	20kΩ	S2	无自锁按钮

2. 绘制接线图

参考接线图如图 7-2-2 所示。

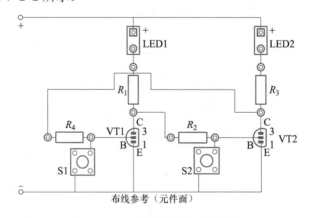

图 7-2-2 双稳态电路参考接线图

3. 电路安装及功能测试

双稳态电路实物如图 7-2-3 所示，按下按钮 S1，LED1 熄灭、LED2 发光。按下按钮 S2，

LED1 发光、LED2 熄灭。

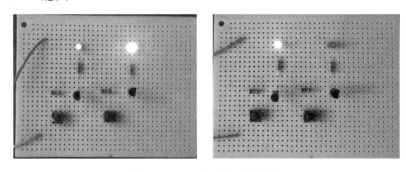

图 7-2-3　双稳态电路实物图

★ 知识回答

1. 按下按钮 S1 再松开后，三极管 VT1、VT2 的状态怎样？

答：按下按钮 S1 后，三极管 VT1 截止，使 VT2 迅速饱和，即使在按钮松开后，由于电路强烈的正反馈，VT1 继续截止，使 VT2 继续饱和。

2. 若 R_4 虚焊，电路的情况怎样？

答：由于 R_4 虚焊，使三极管 VT1 截止，由 LED1、R_1 至三极管 VT1 的电流通路被阻断，电流只能由 LED1、R_1 经 R_2 至三极管 VT2 基极，由于 R_2 的限流作用明显，LED1 几乎不发光，同时三极管 VT2 饱和导通，故 LED2 发光。

3. 某同学在实验中发现按一次按钮 S1，LED1、LED2 都发光，只是 LED1 较暗，LED2 较亮，这可能是什么原因造成的？

答：按一次按钮 S1 虽然使三极管 VT1 截止，VT2 饱和，但电路通过 LED1、R_1、R_2、VT2 仍然构成通路，若电阻 R_2 与 R_4 阻值不够大，将仍能看到两个发光二极管同时发光的现象。

任务 3　调光灯电路的制作

★ 任务目标

1. 学习晶闸管的正反馈原理。
2. 学习硅单结晶体管的主要性能。

★ 任务描述

制作图 7-3-1 所示的无级调光灯电路。

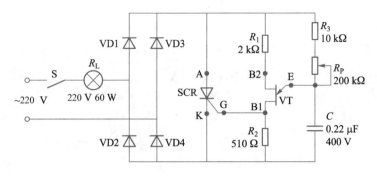

图 7-3-1 无级调光灯电路

★ 知识准备

1. 单向晶闸管

图 7-3-2 所示为常见的单向晶闸管，其外形与三极管没有区别，具体需查型号予以区分。

图 7-3-2 单向晶闸管

如图 7-3-3（a）所示，单向晶闸管是具有三个 PN 结的四层结构，由最外层的 P 层引出阳极 A，最外的 N 层引出阴极 K，由中间的 P 层引出控制极 G。

从控制原理上它可等效为一只 PNP 型三极管与一只 NPN 型三极管的连接电路，如图 7-3-3（b）所示，两管的基极电流和集电极电流互为通路，具有强烈的正反馈作用。一旦从 G、K 回路输入 NPN 型三极管基极电流，由于正反馈作用，两管将迅速进入饱和导通状态。

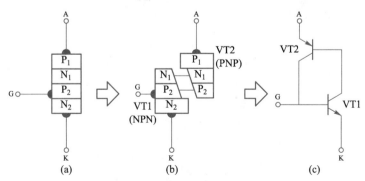

图 7-3-3 单向晶闸管的控制原理

晶闸管导通之后，其导通状态完全依靠管子本身的正反馈作用来维持，即使控制电压消失，晶闸管仍处于导通状态。控制信号 U_{GK} 的作用仅仅是触发晶闸管使其导通，导通之后，控制信号便失去控制作用。

如图 7-3-4 所示，单向晶闸管的图形符号像一只二极管，但又多引出一个电极，即控制极或触发极 G，其文字符号为 SCR 或 MCR。

图 7-3-4　单向晶闸管图形符号

2. 双基极二极管

双基极二极管又称单结晶体管，如图 7-3-5 所示，它有两个基极和一个发射极，两个基极分别用 B1 和 B2 表示，发射极用 E 表示。

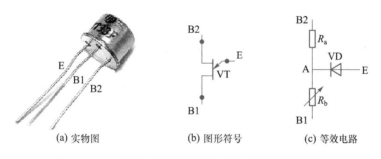

(a) 实物图　　　　(b) 图形符号　　　　(c) 等效电路

图 7-3-5　双基极二极管实物图、图形符号与等效电路

双基极二极管 B2 与 B1 之间的电阻可看作是两个电阻 R_a、R_b 的串联。值得注意的是 R_b 的阻值会随发射极电流 I_E 的增大而减小，具有负电阻的特性。

如果在两个基极 B2、B1 之间加上一个直流电压 U_{BB}，则 A 点的电位为 V_A，若发射极电位 $V_E < V_A$，则二极管 VD 截止。

当 V_E 大于单结晶体管的电位峰值 $V_P(V_P = U_D + V_A)$时，二极管 VD 导通，发射极电流 I_E 注入 R_1，使 R_b 的阻值急剧变小，E 点电位 U_E 随之急剧下降，当 U_E 下降到谷点电压 U_V 以下时，单结晶体管就进入截止状态。

3. 单结晶体管张弛振荡器

图 7-3-6 所示电路只要接上电源，就能输出一定频率的尖峰脉冲，这是因为当电容 C 充电时，单结晶体管 E 点电位不断上升，当 V_E 大于单结晶体管的电位峰值 $V_P(V_P = U_D + V_A)$时，二极管 VD 导通，发射极电流 I_E 注入 R_1，使 R_b 的阻值急剧变小，E 点电位 V_E 随之急剧下降，当 V_E 下降到谷点电位 V_V 以下时，单结晶体管就进入截止状态，电容 C 再次充电，如此循环。

图 7-3-7 所示为接上 16V 直流电源后，用示波器测得的电容 C 及电阻 R_3 上的电压波形。

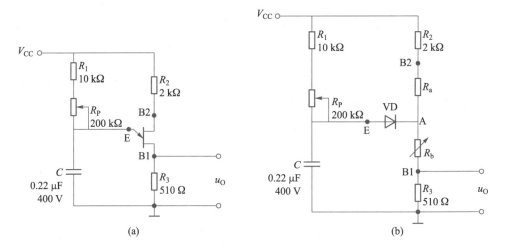

图 7-3-6 单结晶体管张弛振荡器及其等效电路

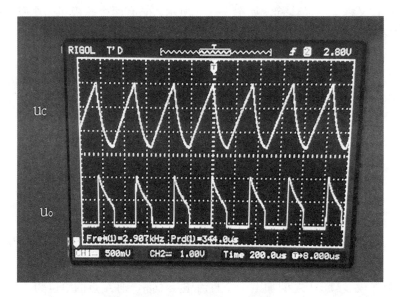

图 7-3-7 电容 C 与电阻 R_3 上的电压波形

当单结晶体管导通时，从 B2 点流出瞬时脉冲电流，但由于单结晶体管迅速进入截止状态，故此脉冲电流很快消失，因此测到的 u_o 也是很快消失的脉冲。

电容 C 不断充电、放电，故输出的脉冲也有一定频率。调整 R_P 可以改变电容的充电速度，从而改变电路的振荡频率。

★ 任务分析

此调光灯实质就是晶闸管交流调压器，由可控整流电路和触发电路两部分组成。从图 7-3-1 中可知，二极管 VD1～VD4 组成桥式整流电路，双基极二极管 VT 构成张弛振荡器作为晶闸管的同步触发电路。

当电路接通后，220V 交流电通过负载电阻 R_L 经二极管 VD1～VD4 整流，在晶闸管 SCR 的 A、K 两端形成一个脉动直流电压，该电压作为触发电路的直流电源。

在交流电的正半周，整流电压通过 R_3、R_P 对电容 C 充电。当充电电压 U_C 达到 VT 管的电压峰值 U_P 时，VT 管由截止变为导通，于是电容 C 通过 VT 管的 E、B1 结和 R_2 迅速放电，结果在 R_2 上获得一个尖脉冲。这个脉冲作为控制信号送到晶闸管 SCR 的控制极，使晶闸管导通。

晶闸管导通后，绝大多数电压降在灯泡处，晶闸管 SCR 的 A、K 两端的管压降很低，一般小于 1V，所以张弛振荡器停止工作。当交流电通过零点时，晶闸管自动关断。

在交流电负半周，经整流输出的电压与正半周相同，电路重复上述过程。如果调整电位器 R_P 的阻值，便可改变电容器充电的速度，从而改变晶闸管触发导通的相位，实现负载 R_L 功率的调节。

★ 任务实施

1. 元器件准备及检测

元件序列	参数或型号	元件序列	参数或型号
VD1，VD2，VD3，VD4	1N4007	VT	双基极二极管
R_1	2kΩ	SCR	MCR100-6
R_2	510Ω	S	电源开关
R_3	10kΩ	R_L	220V/60W 灯泡
R_P	200kΩ 电位器	灯座	220V 灯泡配套
C	0.22μF/400V		

2. 电路布线图设计、安装及电路功能测试

由于 220V 交流电对安全性要求很高，故需在教师指导下通电试验，通电过程中手不能触及元器件。如图 7-3-8 所示，若电路装接成功，通电后调节 R_P 阻值，能看到灯泡亮度的明显变化。

图 7-3-8　调光灯电路实物图

★ 知识问答

1. 单向晶闸管的导通需要什么条件？

答：需要两个条件，首先是 A、K 之间加正向电压，其次是 G、K 之间输入一个正向触发信号，直流信号或脉冲信号均可。

2．单向晶闸管在什么情况下关断？

答：使 A、K 之间电压下降至极低，以致于不能维持正常导通所需的正向电流，或加反向电压。

3．图 7-3-1 所示调光灯电路，在交流电的一个周期内，晶闸管被触发几次？

答：两次，由于电路采用了桥式整流，故在交流电的正、负半周各被触发一次。

4．若电位器 R_P 的阻值减小，灯泡的亮度如何变化？

答：灯泡的亮度增加，由于 R_P 的阻值减小，电容充电速度加快，VT 导通提前，晶闸管的触发相位提前，在每个周期的平均导通时间增加，灯泡功率增大。

★ 知识链接

一、交流负载的功率控制

双向晶闸管应用

1．双向晶闸管（TRIAC）

双向晶闸管旧称双向可控硅，常见的双向晶闸管如图 7-3-9 所示。

双向晶闸管为三端元件，其三端分别为 T1（第一端子或第一阳极）、T2（第二端子或第二阳极）和 G（控制极），与单向晶闸管最大的不同点在于双向晶闸管无论加正向电压或反向电压皆可导通。

如图 7-3-10 所示，双向晶闸管实质上是两个反并联的单向晶闸管，因为它是双向元件，所以不管 T1、T2 的电压极性如何，当闸极有同向触发信号加入时，则 T1、T2 间呈导通状态；反之，若闸极无触发信号，则 T1、T2 间有极高的阻抗。

图 7-3-9 双向晶闸管

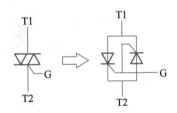

图 7-3-10 双向晶闸管的等效电路

2．双向晶闸管功率控制电路

图 7-3-11 所示为双向晶闸管调光灯电路。在交流电的正半周时，交流电通过 R_L、R_1、R_2 对电容 C_1 充电。当充电电压 U_C 达到足够值时，双向触发管 VD1 导通，控制信号送到晶闸管 VT1 的控制极，使其正向导通。

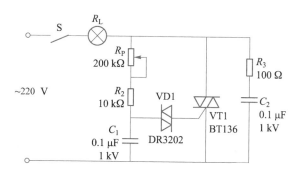

图 7-3-11　双向晶闸管调光灯电路

晶闸管导通后，晶闸管 VT1 的管压降很低，一般小于 1V，所以电容 C_1 不再充电。当交流电通过零点时，晶闸管自动关断。

在交流电负半周，电容反向充电，同样，当反向电压达到一定值时，双向触发管 VD1 反向导通，反向电压信号送到晶闸管 VT1 的控制极，使其反向导通。

如果调整电位器 R_P 的阻值，便可改变电容器充电的速度，从而改变晶闸管触发导通的相位，实现负载 R_L 功率的调节。

电路中 R_3、C_2 串联与 VT1 并联是为了防止 VT1 断开瞬间电路出现高压。

图中电路也可用于 220V 交流电路电阻性负载的功率调节，如电火锅的温度调节。

二、交流负载的开关控制

固态继电器

固态继电器（Solid State Relay，SSR）是将分离的电子元器件、集成电路（或芯片）及混合微电路技术相结合发展起来的一种具有继电特性的无触点式电子开关，可达到无触点无火花地接通和断开电路的目的，特别适用于腐蚀、潮湿、防尘、要求防爆等恶劣环境，及频繁开关的场合，是交流接触器更新替代产品。

固态继电器有交流型和直流型两大类。

图 7-3-12 所示为单相交流固态继电器，以双向晶闸管作为开关元件，在交流固态继电器里，集成了光耦隔离电路、过零触发电路以及输出的吸收电路，主要用于对交流负载的控制。

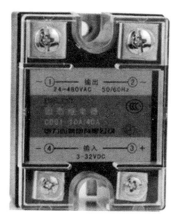

图 7-3-12　单相交流固态继电器

交流固态继电器按控制方式又可分为交流控交流(AC-AC)和直流控交流(DC-AC)两大类。

固态继电器按控制相数来分，又有单相交流固态继电器与三相交流固态继电器。三相交流固态继电器如图 7-3-13 所示，主要用于三相负载的控制。

图 7-3-13　三相交流固态继电器

图 7-3-14 所示为直流控交流单相固态继电器应用电路，接通开关，直流电压加入固态继电器输入端，则输出端对应的双向晶闸管导通，电灯发光。

图 7-3-14　直流控交流单相固态继电器应用电路

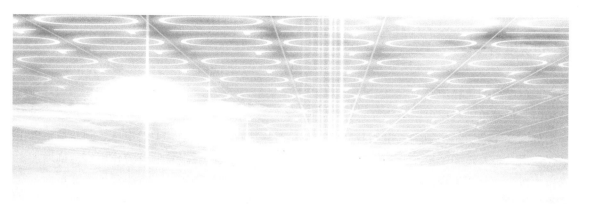

项目 8

直流负反馈电路（稳压电源）

任务 1　简单稳压电路的安装与测试

★ 任务目标

1. 能正确安装与测试简单稳压电路，分析电路的稳压过程。
2. 能实际感受与客观分析稳压性能的局限性。

★ 任务描述

装接图 8-1-1 所示的简单稳压电路，并测试当输入电压逐渐变大时输出电压的变化情况。

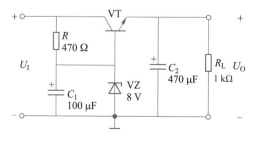

图 8-1-1　简单稳压电路

★ 知识准备

稳压电路的工作原理

（1）最简单的稳压电路

如图 8-1-2 所示，当输入电压升高到一定值时，加在稳压二极管上的电压达到其稳定电压值，稳压二极管反向击穿。此后，如输入电压继续升高，稳压二极管的分流作用将急剧增加，输出电压基本维持不变。由此可以看出，要使稳压电路工作，稳压二极管必须工作在反向击穿状态。实际上，由于稳压二极管的允许功耗很小，这种稳压电路的带负载能力非常弱。

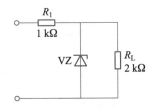

图 8-1-2 最简单的稳压电路

（2）简单的串联型稳压电路

简单的串联型稳压电路如图 8-1-3 所示。三极管 VT 在电路中起电压调整作用，故称为调整管，因它与负载 R_L 是串联连接的，故称为串联型稳压电路。图中 VZ 与 R_B 组成硅稳压管稳压电路，给三极管基极提供一个稳定的电压，称为基准电压 U_Z。R_B 又是三极管的偏流电阻，使三极管工作于合适的工作状态。

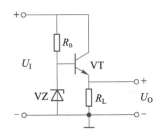

图 8-1-3 简单的串联型稳压电路

图 8-1-3 所示电路的稳压原理如下：当输入电压 U_I 增加或负载电流 I_L 减小，使输出电压 U_O 增大时，则三极管的 U_{BE} 减小，从而使 I_B、I_C 都减小，U_{CE} 增加（相当于 R_{CE} 增大），结果使 U_O 基本不变。这一稳压过程可表示为：

$U_I \uparrow$（或 $R_L \uparrow$）$\rightarrow U_O \uparrow \rightarrow U_{BE} \downarrow \rightarrow I_B \downarrow \rightarrow I_C \downarrow \rightarrow U_O \downarrow$

这是一个典型的直流负反馈过程，负反馈的结果使输出电压保持稳定。

从放大电路的角度看，该稳压电路是一个射极输出器（R_L 接于 VT 的发射极），其输出电压 $U_O = U_Z - 0.7\text{V}$。

★ 任务分析

简单稳压电源就是直流负反馈的典型应用，该电路中利用三极管的放大作用是增加电路的带负载能力，两个电容 C_1、C_2 的作用是有效滤除输出电压的纹波，减小输出电压的脉动。

★ 任务实施

1. 元器件准备及检测

元件序列	参数或型号	元件序列	参数或型号
R	470Ω	C_1	100μF
VT	8050	C_2	470μF
VZ	8V 稳压二极管	R_L	1kΩ

电路安装前应主要检查三极管型号、极性、引脚排列，如 8050、9013 为 NPN 型管，8550 为 PNP 型管。电解电容是否漏电，极性是否正确，电阻阻值是否合格，插头及软线接线是否可靠等。

2. 根据元器件封装画装配图（如图 8-1-4 所示）
3. 按装配图正确安装各元器件（如图 8-1-5 所示）

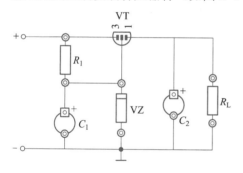

图 8-1-4 简单串联型稳压电路装配图

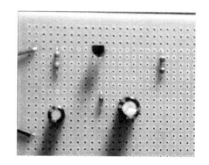

图 8-1-5 安装完成的电路板

4. 电路功能测试

检查电路有无漏焊、虚焊、粘连等现象，有无线头、焊锡等杂物残留在印制电路板上，检查无误后通电。

观察无异常现象后，逐渐升高输入端电压，同时检测输出端电压的变化情况，应能观察到随着输入电压的上升，输出电压也随着升高，但当输出电压上升至约 7.3V 后，即使再升高输入电压，输出电压也基本保持在 7.3V 不变。

当然，我们也可以用示波器测量输出端的波形，采用直流耦合时应能看到示波器上显示一条电压为 7.3V 的直线。

★ 知识问答

1. 当电路中输入电压达到多大以后，输出电压才可能稳定在 7.3V？

答:考虑到三极管的管压降，输入电压至少在 9V 以上。当然输入电压也不是越大越好，如果输入电压过高，将使三极管的功耗过大，不仅造成能量损失，也使电路稳定性下降。

2. 电路中三极管的放大倍数对电路有何影响?

答：电路中三极管的作用是增加负载结算至输入端的输入电阻，即实现阻抗变换，增加电路的带负载能力。增大三极管的放大倍数，可以增加电路的带负载能力。

任务 2 串联型稳压电源的制作

★ 任务目标

1. 认识直流负反馈的作用，掌握稳压电源的稳压过程。
2. 掌握直流稳压电源的主要组成及各部分的作用。

★ 任务描述

完成图 8-2-1 所示的串联型稳压电源电路的制作与调试，要求输出电压调整到 8V。

★ 任务分析

任务 1 中的稳压电路，虽然加了一个三极管，其带负载能力已经比最原始的稳压电路增大很多，但由于直接用输出电压的微小变化量去控制调整管，其控制作用效果不是太好。如果在电路中增加一级直流放大电路，把输出电压的微小变化加以放大，再去控制调整管，其稳压性能便可大大提高，这就是带放大环节的串联型稳压电源。

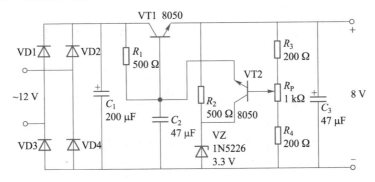

图 8-2-1　串联型稳压电源电路

串联型稳压电源是一种将 220V 工频交流电转换成稳定输出的直流电压的装置，它包括降压、整流、滤波、稳压四个电路。

（1）降压电路：利用降压变压器，将电网 220V 交流电压变换成符合需要的交流电压，并送给整流电路，变压器的变比由变压器的二次电压确定。我们要制作的电路去掉了该部分，直接采用实验室的低压交流或直流电源。

（2）整流电路：利用二极管，把 50Hz 的正弦交流电变换成脉动的直流电。

（3）滤波电路：由于经整流后的直流电脉动较大，需经过滤波电路，将电路中的交流成分大部分加以滤除，从而得到比较平滑的直流电压。

（4）稳压电路：稳压电路的功能是使输出的直流电压稳定，不随交流电网电压和负载的变化而变化。

稳压电路一般有四个环节：调整环节、基准电压、比较放大器和取样电路。

图 8-2-1 所示电路中，R_1 既是 VT1 的基极偏置电阻，又是 VT2 的集电极负载。由 R_1 提供给 VT1 的基极电流，使 VT1 有电压输出，给负载供电。偏置电阻 R_2 与稳压二极管 VZ 串联，为 VZ 提供反向偏置，从而在 VZ 处形成 3.3V 的基准电压。R_3、R_P、R_4 对输出电压进行取样，该电压经三极管 VT2 比较放大后实现对三极管 VT1 基极电流的分流，由分流的多少实现输出电压的调节。

该电路的稳压过程实质是电路的负反馈过程，设电网电压上升或负载变小引起输出电压 U_O 变化时，其反馈过程如下：

$$U_I \uparrow（或 R_L \uparrow）\to U_O \uparrow \to U_{BE2} \uparrow \to I_{B2} \uparrow \to I_{C2} \uparrow \to I_{B1} \downarrow \to U_O \downarrow$$

★ 任务实施

1. 元件的安装与焊接

元器件选择时应注意各型号的不同，如三极管 8050、9013 为 NPN 型管，8550 为 PNP 型管。在安装前应对元件的好坏进行检查，防止已损坏的元件被安装，如检查三极管的极性、引脚排列；电解电容是否漏电，极性是否正确；电阻阻值是否合格；插头及软线接线是否可靠；变压器线圈有无断路、短路，电压是否正确。

分立元件的接线相对简单，一般可根据元器件在电路图中的位置进行布置。图 8-2-2 所示为安装完成的稳压电路。

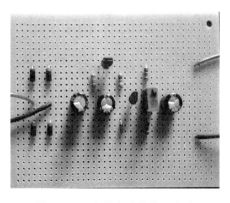

图 8-2-2　安装完成的稳压电路

2．串联型稳压电路的调试

通电前的检查：检查每个元件的规格型号、数值、安装位置，引脚接线是否正确，是否有漏焊、虚焊和搭锡现象，是否有线头、焊锡等杂物残留在印制电路板上。

通电调试：为方便测试，输入端可接 12V 交流电源，也可接输入电压可调的直流电。调节电位器 R_P，使 U_O=8V。

调试成功的电路，在输入电压上升初期，输出电压也跟着上升，但输出电压上升到 8V 后，即使再增加输入电压，输出电压也能基本维持在 8V 左右，上升速度明显变慢。若出现输出电压也同步上升的情况，则电路没有成功。

如图 8-2-3 所示，用示波器测试，可看到一条电平为 8V 的直线。

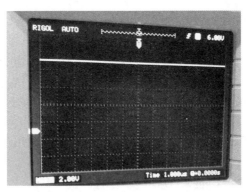

图 8-2-3　示波器观测到的 8V 直线

★ 知识问答

1．若电容 C_1 两端电压为 12V，输出电压为 8V，负载电流为 500mA，估算三极管 VT1 的功耗。

答：此时电路中有 4V 的电压降在此三极管上，同时约有 500mA 电流流过，故其功耗约为 2W。三极管 VT1 是该稳压电路中的调整元件，此三极管往往功耗较大，需特别注意。本电路只是象征性地使用功率不太大的 8050。

2．若 R_1 断路，电路会出现什么情况？

答：电路中 R_1 的首要作用是给三极管 VT1 提供基极偏流，若 R_1 断路，则三极管 VT1 处于截止状态，电路输出电压为 0V。

3．电路中 R_2 的作用是什么？

答：电路中，R_2 是给稳压二极管提供偏置电压，保证稳压二极管处于反向击穿状态，从而使稳压二极管两端电压保持稳定。

4．电路中，若电位器 R_P 的动触点处在中间位置，电路的输出电压为多少？

答：图中稳压二极管的稳定电压为 3.3V，则三极管 VT2 基极电压为 4V，而取样电路取到的电压为输出电压的一半，故电路正常工作时，输出电压为 8V。

5．电路中原来输出电压为 8V，若稳压二极管接反，则输出电压变为多少？

答：由于稳压二极管接反，故其两端电压只有 0.7V。则三极管 VT2 基极电压为 1.4V，输出电压仅为 2.8V。

6. 电路中原来的输出电压为 8V,若用稳压值为 6.3V 的稳压二极管替代原稳压二极管,电路会有什么情况?

答：当输入电压较小时，我们会发现随着输入电压的逐渐升高，电路的输出电压也同步上升（输出电压小于输入电压，但增加幅度相同），此时无稳压作用。若不断增加输入电压，当输出电压达到 14V 后，继续增大输入电压，输出电压基本不变，也就是说电路的稳压值是 14V。

任务 3　用 7805 与 7905 制作正负双路稳压电源

★ 任务目标

1. 能识别三端集成稳压器件的引脚。
2. 掌握典型集成稳压电路。
3. 会安装、调试典型集成稳压电源电路。

★ 任务描述

如图 8-3-1 所示，用三端集成稳压器 7805 与 7905 制作正负双路稳压电源。

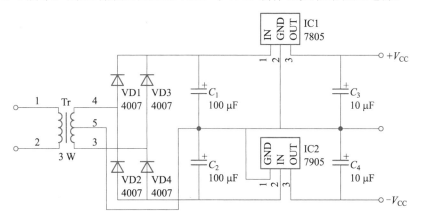

图 8-3-1　正负双路稳压电源

★ 任务分析

1. 固定式三端稳压器

用分立元件制作的稳压电路，相对来说所需元件较多，调试不便，因此在很多需要稳压的场合常采用集成稳压器来实现。如图 8-3-2 所示，固定式三端稳压器有 78×× 系列和 79××

系列。

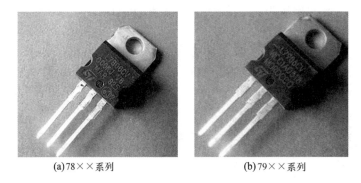

(a)78××系列　　　　　　(b)79××系列

图 8-3-2　固定式三端稳压器

78××系列的调整管处在电源正极处，而 79××系列的调整管处于电源负极处。若调整管从左至右的引脚分别为 1、2、3，则各引脚的排列如图 8-3-3 所示。

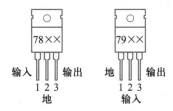

图 8-3-3　三端稳压器引脚排列

（1）78××系列稳压器的典型接法

如图 8-3-4 所示，78××系列的调整管处在电源正极处，1 脚为输入端，2 脚为公共端，3 脚为输出端，流过负载的电流是从 1 脚流向 3 脚。

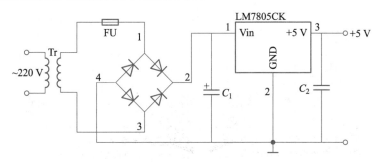

图 8-3-4　78××系列稳压器的典型接法

（2）79××系列与 78××系列稳压器接法的区别

如图 8-3-5 所示，79××系列稳压器处在电源负极处，1 脚为公共端，2 脚为输入端，3 脚为输出端，流过负载的电流是从 3 脚流向 2 脚。

虽然 7805 与 7905 分属于两种不同系列，但输出的电压都是上正下负的 5V，只是图 8-3-4 中公共接地点在电源负极，所以称为正电源，而图 8-3-5 中公共接地点在电源正极，所以称为负电源。

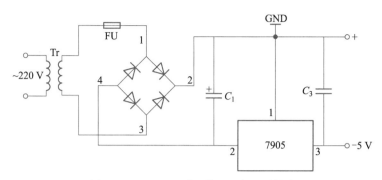

图 8-3-5　79×× 系列稳压器的典型接法

2．用固定式三端稳压器制作正负双电源。

（1）双电源

所谓双电源，其实是两组独立的电源，其中有一个公共端。多数双电源是正负对称的，如图 8-3-6 所示。将两个 5V 的直流电源串联，中间引出线作为公共接地端，则上下两条电源线分别是+5V 和-5V 的输出端。

（2）用 78×× 系列和 79×× 系列稳压器组成双电源电路

由于 78×× 系列稳压器的调整端在正极处，而 79×× 系列稳压器的调整端在负极处，故 78×× 的负极处与 79×× 的正极处合并，可形成一组对称的双电源。图 8-3-7 所示为用 7805 与 7905 共同组成的±5V 双电源。

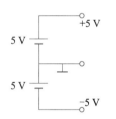

图 8-3-6　±5V 双电源

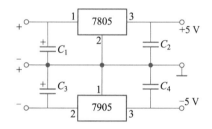

图 8-3-7　用 7805 与 7905 共同组成的±5V 双电源

（3）全波整流电路

本任务中的整流电路采用 4 个整流二极管，如图 8-3-8 所示，在二次电压正半周期间，二极管 VD1 导通，给负载 R_{L1} 供电。同时，如图 8-3-9 所示，VD4 导通，给负载 R_{L2} 供电。

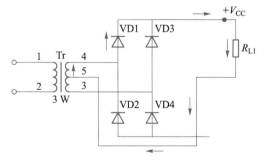

图 8-3-8　正半周期间负载 R_{L1} 供电路径

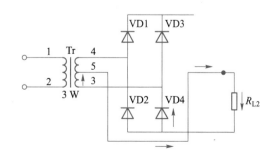

图 8-3-9　正半周期间负载 R_{L2} 供电路径

在二次电压负半周期间，二极管 VD3 导通，给负载 R_{L1} 供电，二极管 VD2 导通，给负载 R_{L2} 供电。

★ 任务实施

1．元器件选择、安装与焊接

（1）根据元器件封装画好装配图，如图 8-3-10 所示。

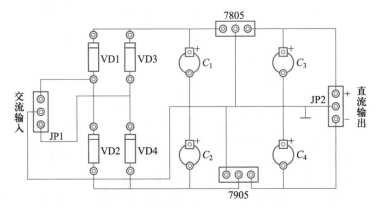

图 8-3-10 双路稳压电源装配图

（2）正确安装各元器件，如图 8-3-11 所示。

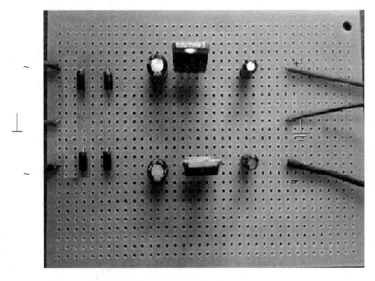

图 8-3-11 双路稳压电源电路板

2．电路功能测试

正常情况下接入双电源，只要输入电压大于 7V（高于输出 2V），即使改变输入电压大小，输出电压也维持在 5V，基本不变。

★ 知识问答

1. 若单纯在正电源端接上负载 R_{L1}，试画出变压器二次电压正半周期间的电流回路。

答：其通电回路如图 8-3-12 所示。

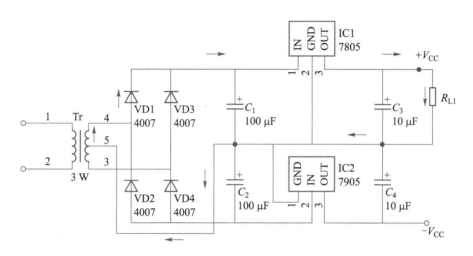

图 8-3-12 流过负载 R_{L1} 的通电回路

2. 能否用两块 7805 稳压器制作±5V 的双电源？

答：不可以，如图 8-3-13 所示，用两块 7805 能实现的是单边+5V 或-5V 的输出，但不能做到同时有±5V 的输出。即能做到 U_1 与 U_2 为 5V，但不能做到 U_{AB} 为 10V。

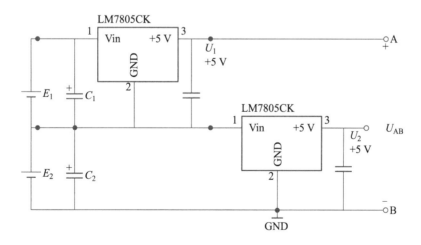

图 8-3-13 两块 7805 不能实现±5V 输出

3. 什么是电路的公共接地点？

答：分共接地点就是输入与输出的公共连接点。

任务 4 三端可调式集成稳压器的制作与调试

★ 任务目标

1. 掌握三端可调式集成稳压器 LM317、LM337 的引脚功能及使用方法。
2. 学会双路可调稳压电源的制作。

★ 任务描述

如图 8-4-1 所示，利用 LM317、LM337 制作双路可调稳压电源，并把输出电压调整到±8V。

★ 任务分析

1. LM317 典型应用电路

三端可调式集成稳压器是一种悬浮串联式调整稳压器，它外接两只电阻，改变其中一只电阻值，就可以得到所需输出电压。

如图 8-4-2 所示，LM317 的输出为正电压，即调整管处在电源正极处。LM317 根据输出电流的大小，又分为 L 型（0.1A）、M 型（0.5A），如果不标 M 或 L，输出电流最大为 1.5A。若集成稳压器从左至右的引脚分别为 1、2、3，则三个引脚分别为电压调整端 ADJ、输出端 Vout、输入端 Vin，没有接地端。当输入电压在 0~40V 范围内变化时，电路均能正常工作，此时输出端与调整端的电位差为 1.25V，如果把调整端接地，它就成为输出为 1.25V 的固定输出三端稳压器。

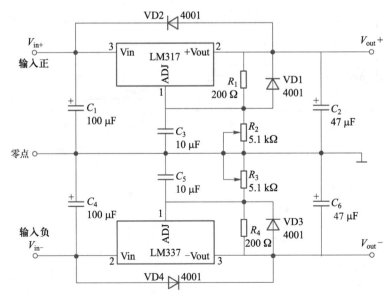

图 8-4-1 用 LM317、LM337 构成的双路可调稳压电源

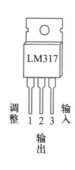

图 8-4-2   LM317 三端稳压器

用 LM317 可以制作电压可调的直流稳压电源，其典型电路如图 8-4-3 所示，2 脚和 1 脚之间为 1.25V 电压基准。为保证稳压器的输出性能，R_1 应小于 240Ω。改变 R_2 阻值即可调整稳定电压值。

由于相对于电阻 R_1、R_2 上的电流，实际流过 LM317 调整端的电流可以忽略不计，故有：

$$1.25V = \frac{R_1}{R_1+R_2} U_O$$

得

$$U_O = 1.25\left(1+\frac{R_2}{R_1}\right)V$$

即电路中只要改变 R_1、R_2 的比值，就可实现输出电压的改变。

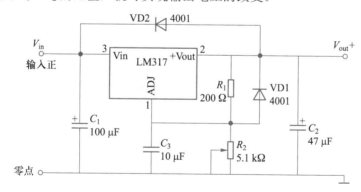

图 8-4-3   用 LM317 制作电压可调的直流稳压电源

该电路中 VD2 用于防止输入短路时输出滤波电容 C_2 上存储的电荷产生的放电电流损坏稳压器；VD1 用于防止输出短路时 C_3 通过调整端放电而损坏稳压器。

2．LM337 典型应用电路

LM337 输出的为负电压，调整管处于电源负极处，若集成稳压器从左至右的引脚分别为 1、2、3，则各引脚的排列如图 8-4-4 所示。若按电流方向来说，无论是 317 还是 337 流过负载的电流都是从 3 脚流向 2 脚的。

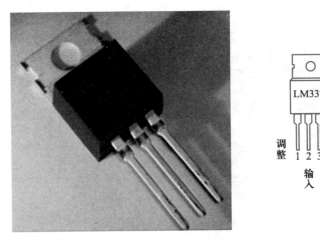

图 8-4-4 LM337 三端稳压器

用 LM337 制作的电压可调直流稳压电源，如图 8-4-5 所示。同样地，改变 R_3 与 R_4 的比值，可实现输出电压的改变。

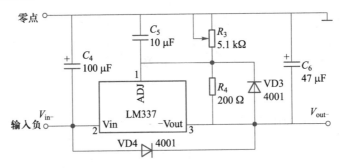

图 8-4-5 用 LM337 制作的电压可调直流稳压电源

需要注意的是，图 8-4-6 所示的接法与图 8-4-5 实质上是完全一致的，只是把图往上翻了一下，调整管 LM337 仍处于电源负极处。

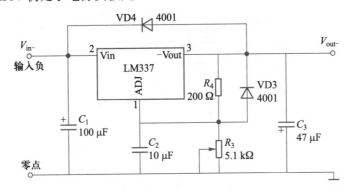

图 8-4-6 LM337 制作的负电源

利用 LM317 与 LM337 可以各自独立地制作正电源与负电源，只要把这两个电源的公共端连在一起，就可以实现双路独立可调的稳压电源。这就是本任务我们要做的电路。

★ **任务实施**

1. 元器件准备及检测

元件序列	参数或型号	元件序列	参数或型号
VD1，VD2，VD3，VD4	4001	LM317	三端可调稳压器
C_1，C_4	100μF	C_3，C_5	10μF
R_1，R_4	200Ω	C_2，C_6	47μF
R_2，R_3	5.1kΩ 可变电阻	LM337	三端可调稳压器

2. 电路布局及焊接（如图 8-4-7 所示）

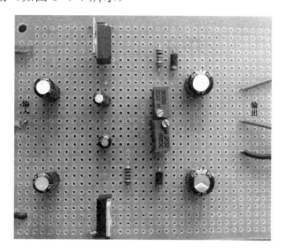

图 8-4-7　双路可调稳压电源电路板

3. 电路功能测试

在输入端接约 12V 的双电源，调节 R_2，使正电源的输出电压达到 8V。调节 R_3，使负电源的输出电压达到-8V。此后可适当增加输入端的电源电压，若输出电压基本不变，则说明电路装接成功。

★ **知识问答**

1. 图 8-4-1 所示电路中，电阻 R_1 两端的电压为多大？

答：电路中电阻 R_1 两端的电压，其实质就是输出端与调整端之间的电压，当输入电压在 0～40V 范围内变化时，电路均能正常工作，此时输出端与调整端的电压为 1.25V。

2. 若图 8-4-1 所示电路中，R_1=200Ω，R_2=1kΩ，则电阻 R_2 两端的电压为多大？正电源的输出电压为多少？

答：电路中流过 LM317 引脚 1 的电流相对于流过电阻 R_1、R_2 的电流几乎可以忽略不计，故此时 R_2 上的电压为 5×1.25V=6.25V。

$U_O=1.25\left(1+\dfrac{R_2}{R_1}\right)=1.25\left(1+\dfrac{1000}{200}\right)$ V=7.5V，当然前提条件是输入电压必须大于输入电压一定值以上。

3．在图 8-4-1 所示电路中，流过 LM317 与 LM337 的电流方向如何？

答：流过 LM317 的电流是从电路的输入端 3 脚流向输出端 2 脚的。流过 LM337 的电流是从电路的输出端 3 脚流向电路的输入端 2 脚的。

4．电路中 VD2、VD4 的作用是什么？

答：电路中 VD2 用于防止输入短路时，输出滤波电容 C_2 上存储的电荷反向流入输入端而损坏 LM317 稳压器；VD4 用于防止输入短路时，C_6 的电荷反向放电而损坏稳压器 LM337，即 VD2、VD4 的作用是防止电流倒流入稳压器。

5．电路中这些电容的作用是什么？

答：简单来说就是滤波，即利用电容的充放电尽力消除电路中的纹波干扰。

项目 9

基本信号放大电路（开环放大）

任务 1　固定偏置信号放大电路

★ **任务目标**

1. 学会放大电路静态工作点的测试。
2. 学会信号发生器、示波器的使用。
3. 能分析静态工作点变化对放大电路性能的影响。

★ **任务描述**

1. 完成图 9-1-1 所示的固定偏置信号放大电路的安装，用示波器观察输入、输出波形，并求出该放大电路的电压放大倍数。
2. 研究可变电阻 R_{B2} 变化时对放大电路性能的影响。

★ **知识准备**

1. 信号放大的意义及要求

信号放大是为了将微弱的电信号增大到人们所需要的数值，一般放大后的信号波形应与放大前的波形相同或基本相同，即失真尽可能小，否则就会丢失要传送的信息，失去了放大的意义。

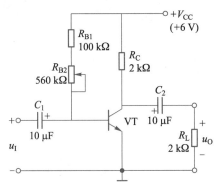

图 9-1-1 固定偏置信号放大电路

2．基本信号放大电路的组成

图 9-1-2 所示为基本信号放大电路，电路主要组成如下：

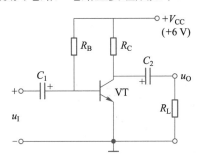

图 9-1-2 基本信号放大电路

（1）集电极电源 V_{CC} 是放大电路的能源，为输出信号提供能量，并保证发射结处于正向偏置、集电结处于反向偏置，使三极管工作在放大区。

（2）三极管 VT 是放大电路的核心元件。利用三极管在放大区的电流控制作用，即 $i_c = \beta i_b$ 的电流放大作用，将微弱的电信号进行放大。

（3）合适的基极电阻 R_B 以保证三极管工作在放大状态。

（4）集电极电阻 R_L 是三极管的集电极负载电阻，它将集电极电流的变化转换为电压的变化，实现电路的电压放大作用。

（5）耦合电容 C_1、C_2 起隔直流、通交流的作用。在信号频率范围内，认为容抗近似为零。所以分析电路时，在直流通路中电容视为开路，在交流通路中电容视为短路。C_1、C_2 一般为十几微法到几十微法的有极性的电解电容。

3．信号放大过程

微弱的输入信号经电容 C_1 耦合，引起三极管 u_{BE} 的微小变化，这一变化使流过三极管的基极电流 i_B 也发生微弱的变化，由于三极管处于放大状态，引起 i_C 的较大变化，这一变化又使

u_{CE} 发生较大变化，经电容 C_2 耦合，这一被放大的信号输送至负载 R_L。

4. 信号放大器的直流通路

画放大器直流通路是为了分析放大器的静态工作点，放大器静态工作点设置是否合适直接影响放大器能否正常地放大电信号。一般地，三极管的静态工作点过高，易使三极管进入饱和区，过低则易进入截止区。

由于直流电无法通过电容器，故在画直流通路时可把电容器断开，如图 9-1-3 所示。

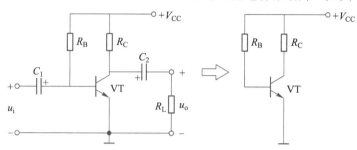

图 9-1-3　直流通路

三极管静态工作点

$$I_B = \frac{V_{CC} - U_{BE}}{R_B}$$

$$I_C = \beta I_B$$

$$U_{CE} = V_{CC} - I_C R_C$$

5. 三极管的微变等效电路

三极管在放大微小信号时，其等效电路如图 9-1-4 所示，BE 之间存在一定电阻 r_{be}。

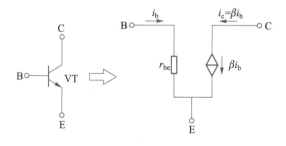

图 9-1-4　三极管微变等效电路

6. 信号放大器的交流通路

画信号放大器的交流通路是为了能更好地分析放大器的交流信号。如图 9-1-5 所示，由于耦合电容对交流信号的容抗很小，画交流通路时可把电容器用导线替代。同时，由于电源的正极电位固定不变（当电源内阻为 0 时），对交流电来说相当于接地，故电源正负极也可用导线替代。

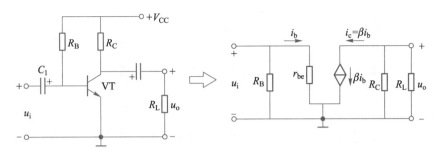

图 9-1-5 放大器交流通路

输入电阻

$$r_i = R_B // r_{be}$$

电压放大倍数

$$A_u = \frac{u_o}{u_i} = \frac{-i_c\left(R_C // R_L\right)}{i_b r_{be}}$$

输出电阻

$$r_o = R_C$$

★ 任务实施

1. 元器件准备及检测

元件序列	参数或型号	元件序列	参数或型号
R_{B1}	100kΩ	C_1	10μF
R_{B2}	560kΩ 可变电阻	C_2	10μF
R_C	2kΩ	VT	8050
R_L	2kΩ		

2. 绘制电路装配图（如图 9-1-6 所示）

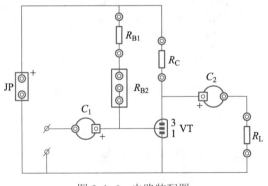

图 9-1-6 电路装配图

3. 电路安装

安装时应注意电容器的极性、三极管引脚排列。

4．电路调试与功能测试

确认电路无短路、虚焊、粘连现象，元件位置安装正确后，接上 6V 电源，用万用表测量三极管静态电位，必要时调节可变电阻 R_{B2}，使三极管处于放大状态。

测试内容	V_{CC}	V_{BQ}	V_{CQ}
测量值/V			
三极管工作状态			

（1）在放大电路的输入端输入 1～2 kHz 的正弦交流信号，用双踪示波器观察输入、输出波形，如图 9-1-7 所示，并调节输入信号幅度，使输出波形不失真，记录波形并求出该放大器的电压放大倍数。

注意，图 9-1-7 中，CH1 信号的分度为 100mV/格，CH2 信号的分度为 1.00V/格，故 CH2 通道的输出信号明显比 CH1 通道的输入信号大。

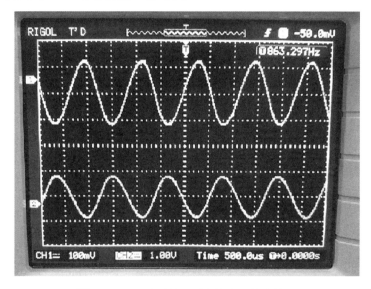

图 9-1-7　双踪示波器观察输入、输出波形

（2）适当增大输入信号，并调节 R_{B2} 的阻值，使输出波形最先出现顶部畸变。然后再次撤去输入信号，用万用表测量三极管静态参数。

测试内容	V_{CC}	V_{BQ}	V_{CQ}
测量值/V			

（3）保持输入信号幅度不变，并调节 R_{B2} 的阻值，使输出波形最先出现底部畸变。然后再次撤去输入信号，用万用表测量三极管静态参数。

测试内容	V_{CC}	V_{BQ}	V_{CQ}
测量值/V			

比较两种不同情况下三极管静态工作点的区别。

★ 任务总结

1．用示波器同时测量输入、输出波形，发现输出波形的幅度明显比输入波形的幅度大，说明该电路具有信号放大作用。

2．发现输出波形与输入波形刚好相反，说明该电路具有反相功能。

3．调节 R_{B2} 的阻值使静态工作点提高（即 V_C 下降）时，输出波形易出现底部畸变，即电路易进入饱和区。反之工作点过低，电路易进入截止区。

★ 知识问答

1．在图 9-1-1 所示电路中，若断开电路中的 R_{B2}，电路会出现什么情况？

答：若断开电路中的 R_{B2}，则电路变为图 9-1-8 所示的形式，由于三极管无基极偏置，同时由于电容只有从左至右的一个电流回路（反方向时由于三极管 PN 结截止），故电容也将失去耦合作用，交流信号无法输入至三极管，当然也无输出信号。

2．在图 9-1-1 所示电路中，若断开电路中的 R_{B2}，并把 C_1 用短路线短接，电路会出现什么情况？

答：若断开 R_{B2}，短接 C_1 后，其电路变为图 9-1-9 所示的形式，在电信号负半周，由于三极管 BE 间截止，故无信号输出。在正半周，对于一般的小信号，由于三极管 BE 无法导通，故负载两端没有电压输出，即无输出波形。

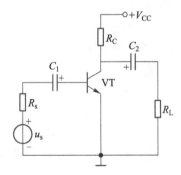

图 9-1-8　断开 R_{B2} 的电路形式

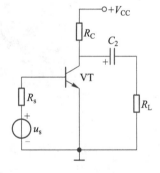

图 9-1-9　断开 R_{B2}，短接 C_1 后的电路形式

若输入信号足够大，则在正半周，三极管 BE 导通，负载两端有电压输出。而在电信号负半周，由于三极管 BE 间截止，故仍无信号输出。最终输出的信号出现顶部被削平的波形。

3．在图 9-1-1 所示电路中，若不断减小 R_{B2} 阻值，静态工作点如何变化？电路最终先出现什么类型的失真？

答：若电路中 R_{B2} 阻值减小，使静态 I_B、I_C 增加，U_{CE} 减小，即静态工作点提高，容易在输入信号正半周的一段时间内，三极管进入饱和区，i_C 无法随 i_B 的增大而增大，即电路可能出现图 9-1-10 所示的饱和失真，输出信号的底部被削平。

4．若输入信号不变，集电极电阻 R_C 阻值的减小，对输出信号的幅度有什么影响？

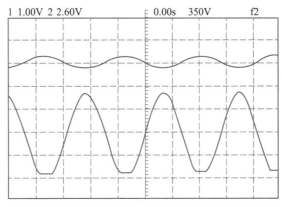

| 1 1.00V 2 2.60V | | 0.00s　350V | f2 |

图 9-1-10　饱和失真

答：若 R_C 的阻值减小，使在同样 i_C 变化的情况下，u_{CE} 的波动减小，即负载 R_L 两端的电压幅度减小，其实质就是电压放大倍数下降，即在输入信号不变情况下，输出信号的幅度下降。

若集电极电阻 R_C 为零，则 i_C 变化无法引起 u_{CE} 的波动，故输出信号幅度为零，这也是交流通路中电源正负极可用导线替代的原因（电源内阻为零时）。

5．设置三极管静态工作点，需要考虑哪些问题？

答：设置三极管静态工作点是为了能不失真地放大交流信号。若静态工作点设置过高，信号容易出现饱和失真。同样，若静态工作点设置过低，信号容易出现截止失真。当然，从减少电路能耗的角度考虑，在能满足信号不失真放大的前提下，三极管的静态工作点越低越好。

6．若用示波器测得输出信号双向限幅失真，是什么原因？该如何处理？

答：说明输入信号幅度过大，可以适当减小输入信号幅度。

7．若电路中三极管静态时处于饱和状态，对输出信号有何影响？

答：若三极管处于深度饱和状态，输入信号又不够大的话，则在信号的任何时期，三极管无法退出饱和状态，故负载两端无交流信号。若三极管饱和深度不大，而输入信号又较大，则可能在信号负半周的某一区域退出饱和状态，形成部分交流输出，但输出波形底部明显失真。

8．在图 9-1-1 所示电路中，原来用的是电流放大系数 β 为 100 的三极管，静态时处于放大状态，现改用电流放大系数 β 为 200 的三极管，对电路静态工作点有何影响？

答：由于三极管的电流放大系数 β 增大，使三极管的静态集电极电流增大，静态工作点将提高，并极可能使电路进入饱和状态。

9．放大器输入电阻、输出电阻的大小对电路有何影响？

答：放大器的输入电阻越大，接入电路后对前级输出电压影响越小。放大器的输出电阻越小，带负载能力越强，即输出电压受负载的影响越小。

任务 2　分压式信号放大电路

★ 任务目标

1．学会信号发生器、示波器的使用。

2．学会放大电路静态工作点的测试。

3．能分析分压式信号放大电路静态工作点的稳定过程。

★ 任务描述

1．完成图 9-2-1 所示分压式信号放大电路的安装，并测定放大电路的静态工作点。

2．用示波器观察输入、输出波形，并求出该放大电路的电压放大倍数。

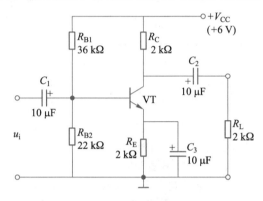

图 9-2-1　分压式信号放大电路

★ 任务分析

这是一个具有稳定工作点的基本放大电路，其静态工作点计算如下：

$$V_{BQ} = \frac{R_{B2} \times V_{CC}}{R_{B1} + R_{B2}} \quad （基极分流电流影响可以不计时）$$

$$V_{EQ} = V_{BQ} - U_{BE}$$

$$I_{EQ} = V_{EQ}/R_E$$

$$U_{CEQ} = V_{CC} - I_{EQ}(R_C + R_E)$$

从静态工作点的计算公式，不难发现，除计算静态时基极电流 I_B 之外，其他各项计算都与三极管的电流放大系数 β 值无关，也就是说三极管的静态工作点基本不受 β 影响，这样的好处是三极管的静态工作点可以统一设计，而无需考虑各个三极管电流放大系数的差异性。同时，这也从一个侧面说明三极管温度变化等因素而导致的三极管 β 值变化并不一定会导致其静态工作点的过度漂移。

该电路三极管静态工作点的稳定过程是：当温度升高时，I_E 升高，电流 I_E 流经射极电阻 R_E 而使电位 V_E 也升高。又因为 $U_{BE} = V_B - V_E$，如果基极电位 V_B 是恒定的，且与温度无关，则 U_{BE} 会随 V_E 的升高而减小，I_B 也随之自动减小，结果使基极电流 I_E 减小，从而实现 I_E 与 I_C 的基本恒定。

从这一静态工作点的稳定过程可知，其实质是该电路存在着直流负反馈，如果用符号"↓"表示减小，用"↑"表示增大，则静态工作点稳定过程可表示为：

$$T\uparrow \Rightarrow I_E\uparrow \Rightarrow V_E\uparrow \Rightarrow U_{BE}\downarrow \Rightarrow I_B\downarrow \Rightarrow I_E\downarrow$$

★ **任务实施**

1. 元器件准备及检测

元件序列	参数或型号	元件序列	参数或型号
R_{B1}	36kΩ	R_E	2 kΩ
R_{B2}	22 kΩ	R_L	2 kΩ
R_C	2 kΩ	VT	8050
C_1	10μF	C_3	10μF
C_2	10μF	VT 备	9013

2. 绘制电路接线图（如图 9-2-2 所示）

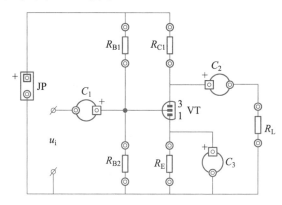

图 9-2-2　放大电路接线图

3. 电路安装

安装时应注意电容器的极性、三极管引脚排列等。

4. 电路调试与功能测试

（1）在确认电路无短路、虚焊、粘连现象，元件位置安装正确后，接上 6V 电源，用万用表测量三极管各电极静态电位，判断三极管是否处于放大状态。如图 9-2-3 所示。

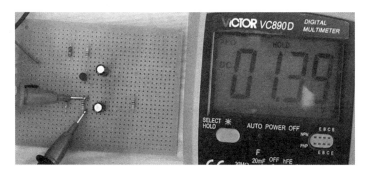

图 9-2-3　测量三极管发射极静态电位 V_E

记录三极管静态工作点测试结果。

测试内容	V_{CC}	V_B	V_E	U_{CE}
测量值/V				
三极管工作状态				

（2）在放大电路的输入端输入 1～2kHz 幅度适当的正弦交流信号，用示波器观察输入、输出波形，如图 9-2-4 所示，并求出该放大电路的电压放大倍数。

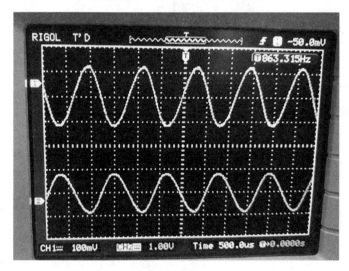

图 9-2-4　示波器测得输入、输出波形

（3）如图 9-2-5 所示，试着把 8050 型三极管更换成另一种 NPN 型三极管，再测试电路的静态工作点与电压放大倍数。

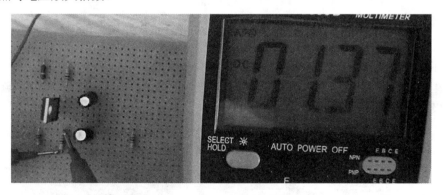

图 9-2-5　更换三极管后，静态 V_E 基本不变

记录更换三极管后静态工作点测试结果。

测试内容	V_{CC}	V_B	V_E	U_{CE}
测量值/V				
三极管工作状态				

★ 任务总结

　　本任务中发现更换三极管后，电路的静态工作点几乎没有改变，这是因为电路存在直流负反馈，具有稳定静态工作点的能力。

　　当然，由于电路没有交流负反馈，更换三极管后，交流信号的放大倍数将改变。

★ 知识问答

　　1. 若把电路中 $\beta=100$ 的三极管更换成 $\beta=180$ 的三极管，电路的静态工作点情况如何？

　　答：电路的静态工作点关键就是静态时集电极电流 I_C，从静态工作点的计算公式不难发现，三极管的静态工作点基本与三极管的电流放大系数 β 值无关，其实质是电路存在直流负反馈，故即使三极管的 β 值发生变化，其静态工作点变化也不大。这就是相比于固定偏置放大电路，分压式信号放大电路所具有的明显优点。

　　2. 若断开电路中的电容 C_3，对电路有何影响？

　　答：若断开电路中的电容 C_3，使得交流信号只能通过 R_E 接地，这将导致电路对交流信号同样有极强的负反馈作用，最终使交流信号不能有效放大。

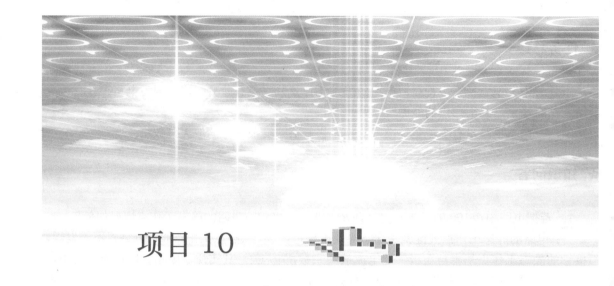

项目 10

交流负反馈放大电路

任务 1　负反馈放大电路安装与调试

★ 任务目标

1. 认识负反馈的种类及其对放大电路的影响。
2. 掌握信号发生器、示波器的使用方法。

★ 任务描述

完成图 10-1-1 所示负反馈放大电路的安装，并测试 S 闭合前后负载电阻 R_P 变化时输出波形的变化情况。

★ 知识准备

1. 放大电路中负反馈的概念及目的

将放大电路输出量的部分或全部，通过一定的方式送回放大电路的输入端，称为反馈，反馈后能使净输入信号减小即为负反馈。

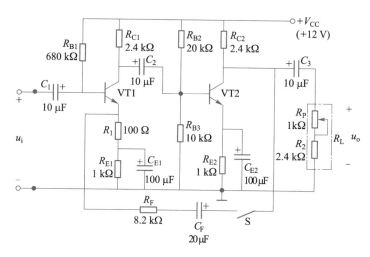

图 10-1-1　负反馈放大电路

　　基本放大电路往往由于元件参数的非线性，使输出波形发生一定程度的非线性失真，引入负反馈后，能明显减小非线性失真，增加放大倍数的稳定性。

　　假定由于元件参数的非线性，使基本放大电路正半周放大量多些，负半周少些，则正半周的反馈量会多些，负半周少些，使正半周的净输入信号减小，负半周净输入信号增大，从而使正负半周的放大倍数基本一致。通常将引入负反馈的放大电路称为闭环放大器，没有引入反馈的放大电路称为开环放大器。

　　2. 判断是否存在负反馈

　　如图 10-1-2 所示，通过瞬时极性法可判断电路是否存在交流负反馈。首先判断是否存在反馈，即放大电路输出量是否通过一定的方式送回放大电路的输入端，其次判断这一反馈是否使净输入信号减小。

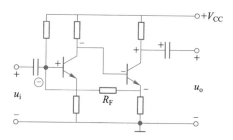

图 10-1-2　瞬时极性法判断是否存在负反馈

　　3. 交流负反馈的种类

　　根据反馈信号的取样方法，可分为电压反馈与电流反馈。一般来说由于电压反馈取样的是输出电压，故能稳定输出电压；而电流反馈取样的是输出电流，故能稳定输出电流，即电压负反馈使输出电阻变小，电流负反馈使输出电阻变大。

　　根据反馈信号与输入信号的叠加方法，可分为串联反馈与并联反馈。一般来说由于串联负反馈使净输入电压减小，故使输入电流减小，输入电阻增大。而并联负反馈由于反馈网络的分流作用，故使电路输入电阻变小。

4. 负反馈放大电路增益计算

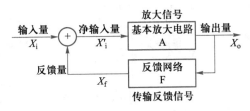

图 10-1-3　负反馈放大电路框图

图 10-1-3 所示为负反馈放大电路框图，设基本放大电路的放大倍数

$$A=\frac{X_o}{X_i'}$$

反馈网络的反馈系数

$$F=\frac{X_f}{X_o}$$

则负反馈放大电路的放大倍数

$$A_F=\frac{X_o}{X_i}=\frac{X_o}{X_i'+X_f}=\frac{\dfrac{X_o}{X_i'}}{1+\dfrac{X_f}{X_i'}}=\frac{\dfrac{X_o}{X_i'}}{1+\dfrac{X_o}{X_i'}\dfrac{X_f}{X_o}}=\frac{A}{1+AF}$$

公式推导时应注意，电路的净输入量会由于反馈量的引入而变小，而输出量不会由于信号的反馈而减小，这虽然很难理解，但是事实。

5. 负反馈对放大电路性能的影响

（1）减小本级放大电路的信号失真

若基本放大电路正半周放大量多负半周少，则正半周的反馈量会多，使正半周的净输入信号减小，从而使正半周的放大量与负半周基本一致。

注意，负反馈放大电路并不能对已经畸变的信号进行修正，这一点需特别注意。

（2）增加信号放大的稳定性

由 $A_F=\dfrac{A}{1+AF}$ 可知，当基本放大电路的放大倍数 AF 远大于 1 时，有 $A_F=\dfrac{1}{F}$。

这就是说深度负反馈放大电路的放大倍数关键取决于反馈系数，而实际上反馈网络基本由电阻、电容等无源器件组成，其稳定性远比三极管等非线性器件好得多，故放大电路加上负反馈后，电路的稳定性大为增加。

★ **任务分析**

如图 10-1-1 所示，基本负反馈放大电路由两级阻容耦合放大器构成，由 C_F、R_F 构成负反馈网络。

任务要求先测到断开开关 S 时的输入输出波形，再测闭合开关 S，电路引入负反馈后的输出波形。最后观察负载变化时，在开关 S 断开与闭合两种情况下输出波形的情况。

★ 任务实施

1. 元器件准备及检测

必要时对元器件进行检测，具体参数见电路图。

2. 电路布局与焊接（如图 10-1-4 所示）

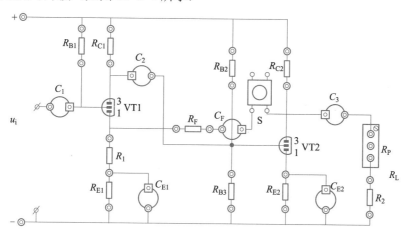

图 10-1-4　负反馈放大电路安装图

3. 电路功能测试

（1）在断开开关 S，用信号发生器输入 1～2kHz 正弦信号，并调节信号发生器，使示波器能同时测得输入、输出波形。将波形画入图 10-1-5 中。

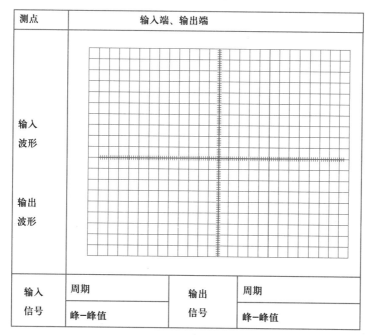

图 10-1-5　断开 S 时的波形

（2）闭合开关 S，使信号发生器输入幅度合适的正弦信号，用示波器观察输入、输出波形，重点比较输出波形的畸变情况有无好转，并求出该放大器的电压放大倍数。将波形画入图 10-1-6 中。

测点	输入端、输出端		
输入 波形 输出 波形			
输入 信号	周期	输出 信号	周期
	峰—峰值		峰—峰值

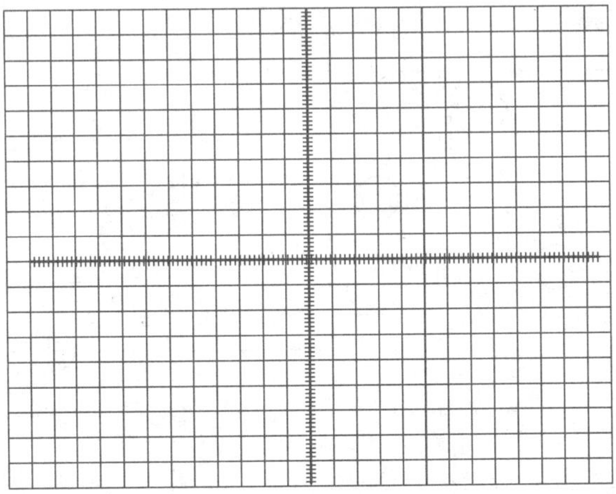

图 10-1-6　闭合 S 时的波形

（3）分别在 S 断开、S 闭合的情况下，适当改变 R_P 阻值，观察示波器上输出波形有无发生大的变化。

★ 任务总结

本任务中发现未接负反馈时输出波形出现了部分失真，但接上负反馈后，失真得到了明显改善，说明负反馈能减小本级放大电路的信号失真。同样，在未接负反馈时，改变 R_P 阻值，输出波形有较明显的变化，而接上负反馈后，输出波形变化很小，这再次说明接入负反馈后，能减小非线性失真，增加信号放大的稳定性。

★ 知识问答

1. 电路中增加 R_1 的阻值，放大电路的放大倍数如何变化？

答：增加 R_1 的阻值，在相同输出量情况下，反馈量增加，即电路的反馈系数增加，放大电路的放大倍数变小。当然信号放大的稳定性提高了，在本级放大时产生的失真减小。

2. 在断开开关 S 时，发现信号正半周的放大倍数大，负半周的放大倍数小，则闭合开关 S 后会怎样？

答：闭合开关 S 后，由于正半周的负反馈量增加，使正半周的净输入信号减小，而负半周的负反馈量减小，使负半周的净输入信号增加，从而使闭环后的正负半周的放大倍数基本一致。

任务 2　共集电极放大电路（射极电压跟随器）

★ 任务目标

1. 学会信号发生器、示波器的使用。
2. 学会共集电极放大电路静态工作点的测试。
3. 能测量并分析共集电极放大电路的输入、输出波形。

★ 任务描述

1. 完成图 10-2-1 所示射极电压跟随器电路的安装，并测定静态工作点。
2. 用示波器观察输入、输出波形，并求出射极电压跟随器的电压放大倍数。

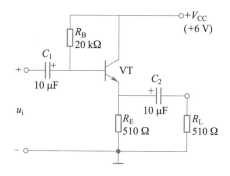

图 10-2-1　射极电压跟随器电路

★ 任务分析

1. 直流通路
静态工作点的计算：

由

$$V_{CC}=I_B R_B+U_{BE}+(1+\beta)I_B R_E$$

得

$$I_B=\frac{V_{CC}-U_{BE}}{R_B+(1+\beta)R_E}$$

$$U_{CE}=V_{CC}-(1+\beta)I_B R_E$$

2．交流通路（如图 10-2-2 所示）

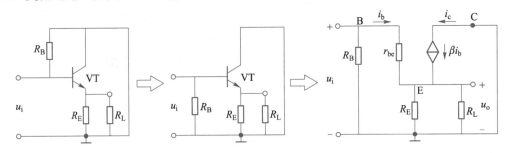

图 10-2-2 射极电压跟随器的交流通路

射极电压跟随器的主要特点：

（1）电压放大倍数

$$A_u = \frac{u_o}{u_i} = \frac{(1+\beta)i_b R_L'}{i_b r_{be} + (1+\beta)i_b R_L'} \approx 1 \qquad 其中\ R_L' = R_L /\!/ R_E$$

这就是说射极电压跟随器的输出电压 u_o 与输入电压 u_i 基本一致，输出电压放大倍数接近于 1。

需要注意的是输出电压 u_o 指的是输出信号的交流电压，而并非三极管 E 点的对地电压，事实上 E 点的对地电压始终比三极管 B 点的对地电压低约 0.7V。

（2）输入电阻

若忽略偏置电阻 R_B 的阻值，则输入电阻

$$r_i = \frac{u_i}{i_i} \approx \frac{i_b r_{be} + (1+\beta)i_b R_L'}{i_b} = r_{be} + (1+\beta)R_L'$$

（3）输出电阻

$$r_o = R_E$$

这是由于电路深度电压串联负反馈使电路输入电阻增大并使输出电阻减小。该电路多用于放大电路的输出级，以提高带负载能力。

★ 任务实施

1．元器件准备及检测

元件序列	参数或型号	元件序列	参数或型号
R_B	20kΩ	C_1，C_2	10μF
R_E	510Ω	R_L	510Ω

2．电路布局及焊接

画出射极电压跟随器的装配图，如图 10-2-3 所示，再完成电路焊接，如图 10-2-4 所示。

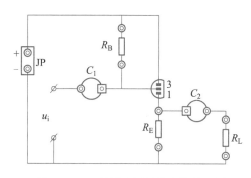

图 10-2-3　射极电压跟随器的装配图

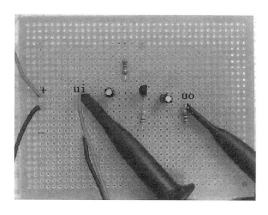

图 10-2-4　射极电压跟随器电路板

3．电路功能测试

在放大电路的输入端输入约 1kHz、幅度适当的正弦交流信号，用示波器观察输入、输出波形，如图 10-2-5 所示，并求出该放大电路的电压放大倍数。

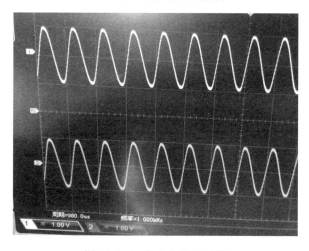

图 10-2-5　输入与输出波形

★ **任务总结**

从示波器观察到的输入、输出波形，再次证实该放大电路的输出信号与输入信号同相位，电压放大倍数约为 1。

事实上，射极电压跟随器是深度电压串联负反馈电路，其反馈结果就是使输入电阻增大，输出电阻减小，输出电压的稳定性增加。

★ **知识问答**

1．电路中增大 R_B 的阻值，三极管静态发射极电位如何变化？

答：在 R_E 阻值不变的情况下，增大 R_B 的阻值，三极管基极电流变小，发射极电流也变小，故发射极电位下降。

2．电路中直流电位差 U_{BE} 约为 0.7V，为什么输出电压与输入电压基本相同？

答：简单地说在三极管处于放大状态时，虽然发射极的电位总是比基极电位低约 0.7V，但电压的变化幅度几乎是相等的，即交流变化量是相同的。

3．射极电压跟随器在电路中有什么意义？

答：射极电压跟随器虽然不能进行电压放大，但具有很强的电流放大能力，其外在表现为输入电阻大、输出电阻小，从而表现出很强的带负载能力。设某信号源的电动势为 $e=2.2\sin1000\pi t$ V，内阻为 $1k\Omega$，则当接入阻值为 100Ω 的负载时，负载两端得到的实际电压只有 0.2 $\sin1000\pi t$ V，不到原来的 10%，但如果接入输入电阻为 $100k\Omega$，输出电阻为 0Ω 的电压跟随器(需集成运放制作)后再去带动这 100Ω 的负载，则负载上得到的电压几乎还是 $2.2\sin1000\pi t$ V，负载获得的实际功率也将明显增大。

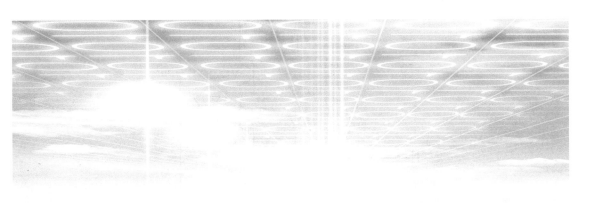

项目 11

功率放大电路

任务 1　双电源功率放大电路

★ 任务目标

1. 掌握双电源功率放大电路的基本原理。
2. 掌握双电源的接法及 OCL（无输出电容的）放大电路的制作调试方法。

★ 任务描述

分析图 11-1-1 所示双电源功率放大电路，在单孔板上完成该电路的制作与调试。

★ 知识准备

功率放大电路是一种以输出较大功率为目的的放大电路，由于输出电压和电流的幅度较大，故对非线性失真、电源利用效率、带负载能力等要求较高。同时对元件散热等情况要充分考虑。

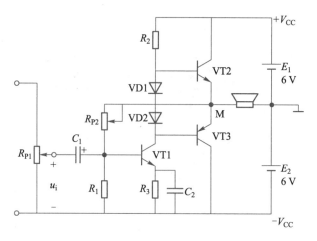

图 11-1-1 双电源功率放大电路

1. 双电源供电乙类互补功率放大电路

（1）乙类 OCL 功率放大电路组成

如图 11-1-2 所示，电路采用双电源供电，NPN 型和 PNP 型三极管各一只，且特性对称，组成互补对称式射极电压输出器，简称 OCL 电路，意为无输出耦合电容。

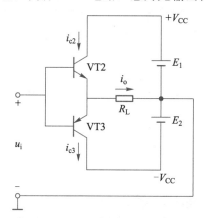

图 11-1-2 乙类 OCL 功率放大电路

（2）乙类 OCL 功率放大电路的工作分析

静态时

$$u_i = 0 \rightarrow \text{VT2 截止，VT3 截止（乙类工作状态）} \rightarrow u_o = 0$$

动态时

如图 11-1-3 所示，信号正半周 $u_i > 0 \rightarrow$ VT2 导通，VT3 截止 $\rightarrow i_o = i_{c2}$（此时由 E_1 供电）。

如图 11-1-4 所示，信号负半周 $u_i < 0 \rightarrow$ VT3 导通，VT2 截止 $\rightarrow i_o = -i_{c3}$（此时由 E_2 供电）。

特点：

该电路实际上由两个射极电压跟随器组成，静态时 I_{BQ}、I_{CQ} 等于零，即静态时，无电流流过负载。在信号正半周 VT2 导通，负半周 VT3 导通。

缺点：图 11-1-5 所示为示波器显示的乙类 OCL 功率放大电路的输出波形，由于三极管存在死区电压，电路在正负半周交替过零处存在交越失真。

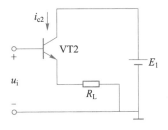
图 11-1-3　信号正半周供电

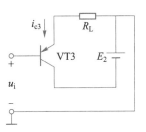
图 11-1-4　信号负半周供电

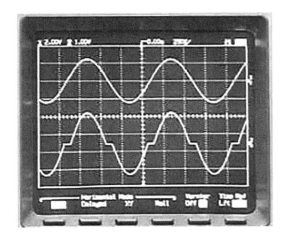
图 11-1-5　交越失真

2．甲乙类双电源互补对称功率放大电路

如图 11-1-6 所示，电路中除增加驱动级 VT1 管外，还增加了电阻 R_C 及二极管 VD1、VD2，目的是建立一定的直流偏置，偏置电压大于管子死区电压，以克服交越失真。此时管子工作于甲乙类状态。

静态时：

利用 VT1 基极电流在 VD1、VD2 的正向压降给 VT2、VT3 两管提供基极偏置电压，发射结电位分别为 VD1、VD2 的正向导通压降，致使两管处于微弱导通状态——甲乙类状态。

两管静态电流相等，负载上无静态电流，输出电压 $U_O=0$ 。

动态时：

由于静态时两管处于微弱导通状态，故在信号正半周 VT2 完全导通，电源+V_{CC} 供电，输出电压跟随输入电压变化。同时 VT3 转而截止，对输出不产生影响。

同样，在信号负半周 VT3 完全导通，电源-V_{CC} 供电，输出电压跟随输入电压变化。同时 VT2 转而截止，对输出不产生影响。

当有交流信号输入时，VD1 和 VD2 的交流电阻很小，可视为短路，从而保证两管基极输入信号幅度基本相等。

采用甲乙类互补 OCL 电路，可明显改善交越失真。

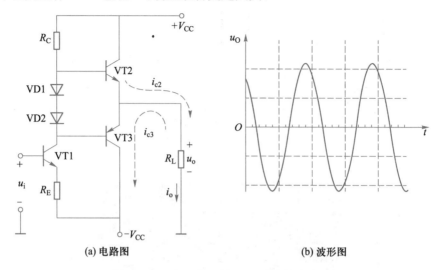

(a) 电路图　　　　　　　　　　　　(b) 波形图

图 11-1-6　甲乙类互补 OCL 功率放大电路

★ 任务分析

　　任务中为甲乙类双电源互补对称功率放大电路，由信号发生器提供的低频信号，由电位器分压后传至 OCL 功放电路，OCL 功放的前置放大由 VT1 实施，其偏置电压由 OCL 电路的中点经可变电阻提供，电阻 R_P 同时构成功放电路的负反馈网络，以改善功放电路可能产生的非线性失真。

★ 任务实施

　　1．元器件准备及检测

元件序列	参数或型号	元件序列	参数或型号
R_{P1}	10kΩ 可变电阻	R_3	2kΩ
R_{P2}	47kΩ 可变电阻	C_1，C_2	10μF
R_1	5.1kΩ	VD1，VD2	1N4007
R_2	1kΩ	VT2	TIP120
VT1	2N5551	VT3	TIP126
扬声器	8Ω，0.5W		

　　2．电路布局与焊接
　　可按电路原理图中元器件位置进行布局，具体略。
　　3．电路调试与功能测试
　　（1）检查电路元件安装正确，确认电路无短路、断路、虚焊、粘连等情况后，接电源。为防止电路接错而损坏，可逐渐升高电源电压，同时密切关注三极管发热情况。

（2）在无信号输入时，调节电位器 R_{P2}，使三极管 VT2、VT3 处于对称微导通状态，即 M 点对地电位为零。

（3）用信号发生器输入频率 500Hz、幅度合适的正弦交流信号，听扬声器是否有交流声发出，若不发声，先检查电源及各级静态电位，看是否某一级放大器不工作。

（4）用示波器测量输入、输出端的信号波形，并记录在图 11-1-7 中。

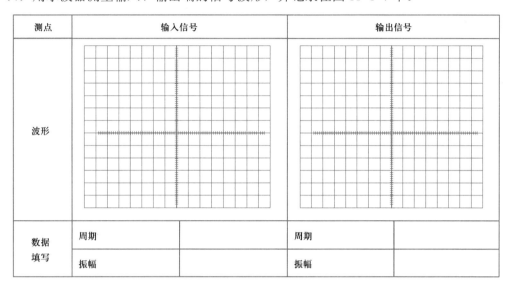

测点	输入信号		输出信号	
波形				
数据填写	周期		周期	
	振幅		振幅	

图 11-1-7 输入、输出波形记录

★ 知识问答

1．若发现静态时，三极管 VT2 的发热较明显，而 VT3 无发热现象，说明什么？该如何处理？

答：三极管 VT2 的发热较明显，说明静态时，流过三极管 VT2 的电流较大，而流过三极管 VT3 的电流几乎为零，实际就是静态工作点没调好，图中 M 点电位高于 0V。处理办法就是适当调小可变电阻 R_{P2} 的值，升高三极管 VT1 的基极电位，从而降低 M 点电位。

2．若电路中 C_1 直接用导线替代，会有什么影响？

答：若电路中 C_1 直接用导线替代，虽然交流信号能传递至下级，但调整音量电位器时，会对电路的静态工作点产生很大影响，从而使电路无法正常工作。

3．若电路中 C_2 断开，对电路有何影响？

答：若断开 C_2，由于电阻 R_3 的负反馈，交流信号无法正常加至三极管 VT1 的发射结，造成放大倍数明显下降。

4．若不小心断开了二极管 VD1 或 VD2，对电路有何影响？

答：功放电路正常工作时，三极管总有一个导通另一个截止，为了改善输出电压波形，电路中增加了 VD1 和 VD2，在三极管 VT2、VT3 的基极形成约 1.3V 的电压，使这两个三极管静态时处于弱导通状态。若 VD1 或 VD2 断开，会造成本该由 VD1、VD2 分流的电流直接流向了三极管 VT2、VT3 的基极，这样将使三极管 VT2、VT3 由原来的弱导通转变为强导通，即两个三极管不经负载电阻同时强导通，造成三极管 VT2、VT3 烧坏。

任务 2　单电源互补对称式功率放大电路（OTL）

★ 任务目标

1. 学会功放电路的原理分析。
2. 学会 OTL（无输出变压器的）放大电路的制作与调试。

★ 任务描述

完成图 11-2-1 所示的 OTL 功率放大电路的安装与调试。

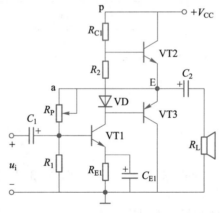

图 11-2-1　OTL 功率放大电路

★ 任务分析

1. 单电源互补对称式功率放大电路

单电源互补对称式功率放大电路，简称 OTL 电路。

静态时：

因两管对称，VT2、VT3 两管发射极 E 的电位 $U_E=\dfrac{1}{2}V_{CC}$，负载无电流。

动态时：

$u_i>0 \rightarrow$ VT2 导通，VT3 截止 $\rightarrow$ 对负载供电，并对 C_2 充电；

$u_i < 0 \rightarrow$ VT3 导通，VT2 截止 $\rightarrow$ 电容 C_2 通过 VT3、R_L 放电维持负半周电流（电容 C_2 相当于电源）。

注意：应选择足够大的电容 C_2，以维持其上电压基本不变，保证负载上得到的交流信号正负半周对称。

2．双电源功放电路与单电源功放电路接法的区别

如图 11-2-2 所示，双电源 OCL 电路具有中性抽头，输出信号正半周由 E_1 供电，负半周由 E_2 供电。单电源 OTL 电路无中性抽头，输出信号正半周电容 C_2 充电，负半周电容 C_2 放电。

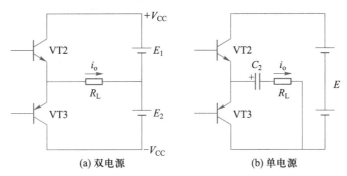

图 11-2-2　OCL 电路与 OTL 电路的区别

★ 任务实施

1．元器件准备及检测

元件序列	参数或型号	元件序列	参数或型号
R_P	47kΩ 可变电阻	VT3	2N5401
R_1	5.1kΩ	C_1	10μF
R_2	680Ω	C_{E1}	10μF
R_{C1}	680Ω	C_2	1000μF
R_{E1}	270Ω	VD	1N4007
VT1	2N5551	扬声器	8Ω，1W
VT2	2N5551		

2．电路布局与焊接

可按电路原理图中元器件位置进行布局，具体略。

3．电路调试与功能测试

（1）检查电路元件安装正确，确认电路无短路、断路、虚焊、粘连等情况后，接电源。为防止电路接错造成元器件的损坏，可在密切注意三极管 VT2、VT3 发热情况下，逐渐上调电源电压至设定值。

（2）调节 R_P，使三极管 VT2、VT3 处于对称微导通状态，即调至 E 点电位为 $\frac{1}{2}V_{CC}$。

（3）用信号发生器输入 1kHz 的正弦波信号，适当调节输入信号幅度，使扬声器不失真音量最大。

（4）用示波器测量输入、输出信号波形，并记录在图 11-2-3 中。

测点	输入信号		输出信号	
波形				
数据填写	周期		周期	
	振幅		振幅	

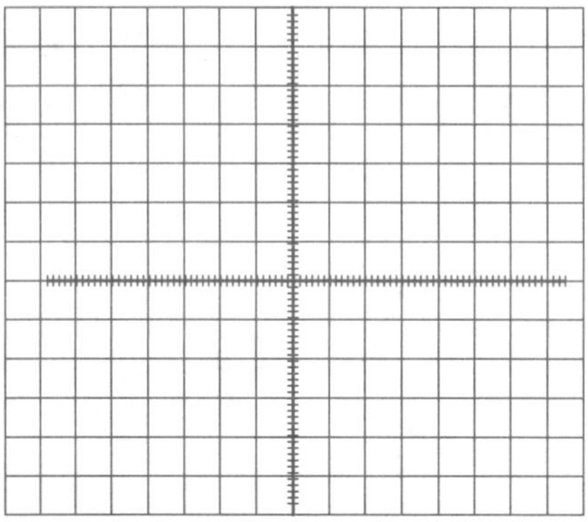

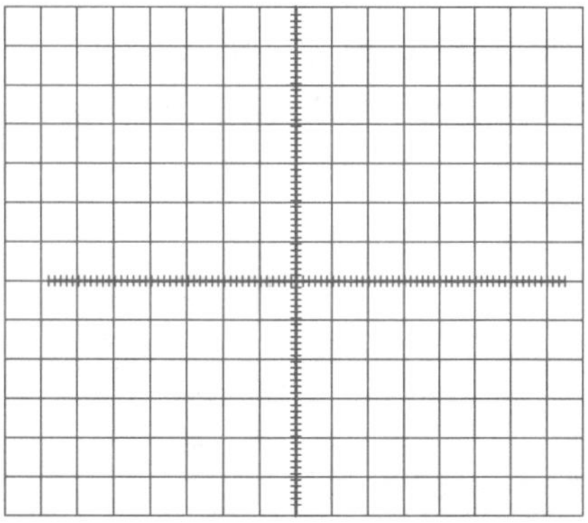

图 11-2-3　输入、输出波形记录

★ 知识问答

1．若电路中输出电容 C_2 的容量较小,电路会出现什么情况?

答：电容 C_2 的主要作用是为输出信号的负半周提供电流通路,若 C_2 容量较小，在大电流交流信号通过电容时,电容两端电压变化较大,从而引起扬声器两端电压波形的失真。

2．静态时,把电路中 E 点电位调至 $\frac{1}{2}V_{CC}$ 有何意义?

答：把电路中 E 点电位调至 $\frac{1}{2}V_{CC}$ 的目的是为了电信号的输出有尽可能大的变化范围,从而保证有足够大的功率输出。

3．若增大电路中可变电阻 R_P 的值,电路中 E 点电位如何变化?

答：增大可变电阻 R_P 的值,三极管 VT1 的基极电位下降,集电极电位上升,电路中 E 点电位上升。

4．若电阻 R_2 的值偏大，对电路有何影响?

答：设置电阻 R_2 与二极管 VD 的目的是为了使三极管 VT2、VT3 有合适的静态偏置(微导通状态)，如果 R_2 的值偏大，VT2、VT3 的静态偏置将增加,使得这两只三极管发热量增加,出现工作不稳定甚至烧坏三极管的情况。

任务 3　LM1875 集成功率放大电路的安装与调试

★ **任务目标**

能用 LM1875 组装功率放大电路。

★ **任务描述**

完成图 11-3-1 所示功率放大电路的安装与调试。

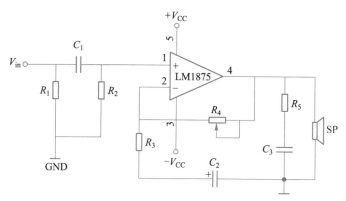

图 11-3-1　集成功率放大电路

★ **任务分析**

由分立元件构成的放大电路,相对来说元件数量多,调试困难,故障率高,故多数要求功率放大的场合采用集成功率放大电路。

对于电子电路的设计,模块化的思路非常重要,LM1875 就是专门用于功放的一个模块,如图 11-3-2 所示,其 5 脚接正 V_{CC},3 脚接负 V_{SS},1 脚为同相输入端,2 脚为反相输入端,4 脚为输出端。

图 11-3-3 所示的电路实为同相比例运算放大电路,采用双电源供电,其中 C_1 为交流耦合电容,R_2 为平衡电阻,R_4、R_3、C_2 构成交流负反馈网络,改变 R_4 的阻值可改变电路的放大倍数,实现扬声器音量的调节。R_5、C_3 的作用是吸收高频干扰。

图 11-3-2　LM1875 集成功放

图 11-3-3 所示的电路与图 11-3-1 所示的电路原理相同,只是更直观些。

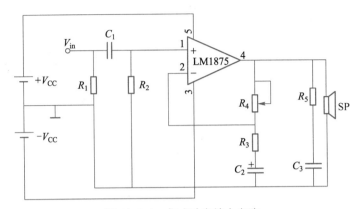

图 11-3-3　集成功率放大电路

★ 任务实施

1．元器件准备及检测

元件序列	参数或型号	元件序列	参数或型号
R_1	2MΩ	C_1	2.2μF
R_2	22kΩ	C_2	22μF
R_3	1 kΩ	C_3	0.22μF
R_4	22 kΩ 可变电阻	LM1875	集成功放
R_5	1Ω	SP	16Ω，1W 扬声器

2．电路布线及安装

先绘制集成功放装配图，如图 11-3-4 所示，再根据装配图安装焊接电路。

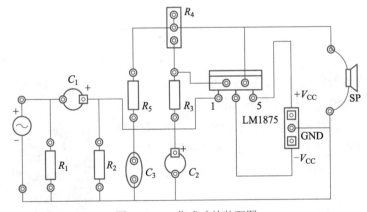

图 11-3-4　集成功放装配图

3．电路调试与功能测试

（1）检查电路元件安装正确，确认电路无短路、断路、虚焊、粘连等情况后，接电源。

（2）用信号发生器输入频率 1000Hz、幅度合适的正弦交流信号，使扬声器有交流声发出。

（3）用示波器测量输入、输出端的信号，并记录在图 11-3-5 中。调节可变电阻 R_4，测到输出不失真的信号最大值。

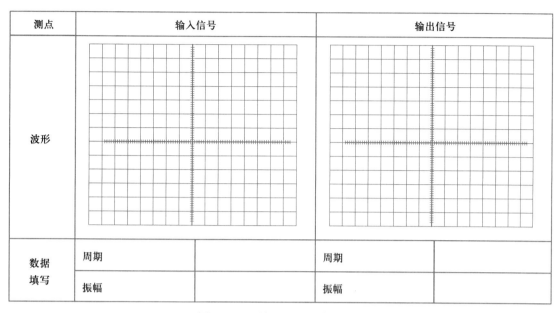

测点	输入信号		输出信号	
波形				
数据填写	周期		周期	
	振幅		振幅	

图 11-3-5　输入、输出波形记录

★ **知识问答**

1. 如要使扬声器声音增大，可变电阻 R_4 应如何变化？

答：增大 R_4 的值，可以减小电路的负反馈，增大电路的放大倍数，使扬声器音量增大。

2. 若 C_1 用导线短路，对电路有何影响？

答：若 C_1 用导线短路，如果前级放大电路的输出存在静态直流电压，电路将直接把直流信号耦合进来，造成功放在静态时有电压输出，严重时可能烧坏功放或扬声器。

3. 若把音量调大后，扬声器出现类似阻塞音，这是什么原因？

答：这是由于功放电路对信号的放大倍数过大，由于电源电压有限，可能造成电路出现双向限幅失真，即同时出现饱和失真与截止失真。

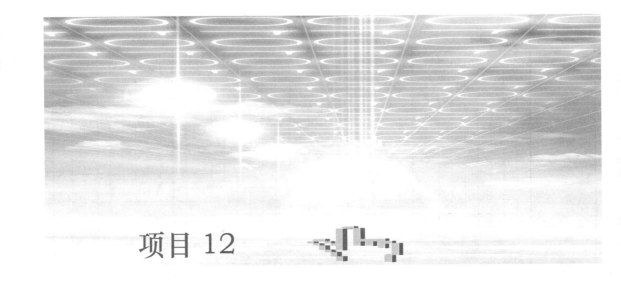

项目 12

集成运算放大器

任务 1　反相输入比例运算放大电路安装与测试

★ 任务目标

1. 掌握集成运放的基本构成。
2. 掌握集成运放外围电路的基本接法。

★ 任务描述

用 LM358 集成运放制作图 12-1-1 所示放大倍数约为 6 的反相比例运算放大电路。

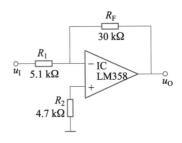

图 12-1-1　反相比例运算放大电路

★ 知识准备

1. 直流放大器

变化非常缓慢（频率很低）或不变的信号称为直流信号，由于集成运算放大器内部采用直接耦合，故能放大直流信号。能放大直流信号的放大器一定能放大交流信号。

2. 集成运算放大器的图形符号

如图 12-1-2 所示，集成运算放大器一般用有 3 个端子的三角形符号表示。它有两个输入端、一个输出端，有 "−" 作标记的称为反相输入端，若信号从该输入端输入，则输出信号与输入信号极性相反；有 "＋" 作标记的称为同相输入端，若信号从该输入端输入，输出信号与该端输入信号极性相同。

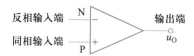

图 12-1-2　集成运放的图形符号

实际上运放要工作必须接电源，图 12-1-3 是画了电源的运放符号。

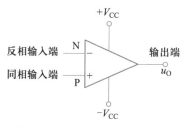

图 12-1-3　画了电源的运放符号

3. 集成运算放大器的组成

集成运算放大器也称集成运算放大电路，简称集成运放，是一种直接耦合的多级放大电路，其放大倍数非常高，输入电阻也高，输出电阻很低，应用非常广泛。集成运放的组成框图如图 12-1-4 所示。

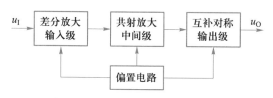

图 12-1-4　集成运放的组成框图

如图 12-1-5 所示，集成运放内部电路比较复杂，但一般由四部分组成：偏置电路、输入级电路、输出级电路和中间级电路，各部分特点如下。

（1）输入级电路

一般由差分放大电路组成，其特点是：输入电阻高，并能起放大差模信号、抑制共模信号的作用。它就像天平，如其两端各加 100g 质量的物体，两边保持平衡，但在天平左边减 1g，右边加 1g（相当于 2g 的差值），则天平马上倾斜。

集成运算放大电路有两个输入端，一个是同相输入端 P，另一个是反相输入端 N，差模信号是从这两个输入端加进去的。如在同相输入端加 2010mV 电压，在反相输入端加 2000mV 电压，则加在运放上的共模电压为 2005mV，差模电压为 10mV。

（2）输出级电路

输出级电路一般由互补对称推挽电路组成，这一点与 OCL 功放电路完全一致，其特点是输出电阻小，输出功率大，带负载能力强，在输出过载时有自动保护作用以免损坏集成块。集成运算放大电路有一个输出端，负载的另一端接公共端。在双电源接法时，若无信号输入，输出端的电位为零。

（3）中间级电路

中间级电路一般由共射放大电路组成，其特点是电压放大倍数高。

（4）偏置电路

偏置电路一般由恒流源电路组成，其特点是能提供稳定的静态电流，动态电阻很高，还可作为放大电路的有源负载，使其对共模信号的抑制能力很强，而对差模信号的放大几乎不影响。

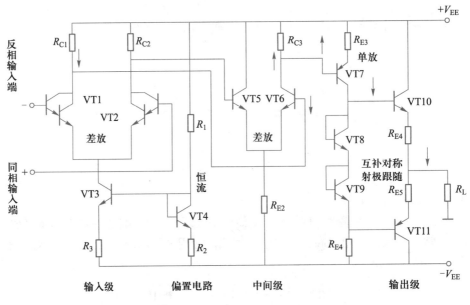

图 12-1-5　集成运放内部电路

4．集成运放的电源供给方式

（1）对称双电源供电方式

这是一种相当于 OCL 功率放大器的电路，运算放大器多采用这种方式供电。相对于公共端（地）的正电源（$+E$）与负电源（$-E$）分别接于运放的 $+V_{CC}$ 和 $-V_{EE}$ 引脚上。在这种方式下，可把信号源直接接到运放的输入引脚上，而输出电压的振幅可达正、负对称电源电压。

（2）单电源供电方式

这是一种相当于 OTL 功率放大器的电路，单电源供电是将运放的 $-V_{EE}$ 引脚连接到地上。

此时为了保证运放内部单元电路具有合适的静态工作点,在运放输入端一定要加入一直流电位,此时运放的输出是在某一直流电位基础上随输入信号变化的。

5．理想运放的概念

理想运放是指具有如下理想参数的运放：

开环电压放大倍数 $A_{\mathrm{od}} = \dfrac{u_{\mathrm{o}}}{u_{\mathrm{P}} - u_{\mathrm{N}}} \to \infty$

输入电阻 $r_{\mathrm{id}} \to \infty$

输出电阻 $r_{\mathrm{o}} = 0$

共模抑制比 $K_{\mathrm{CMR}} \to \infty$

理想运放是不存在的，然而，随着集成电路工艺的发展，现代集成运放的参数与理想运放的参数已很接近。

6．理想运放的工作区域

（1）非线性工作区

由于理想运放的开环电压放大倍数 $A_{\mathrm{od}} \to \infty$，只要理想运放工作在开环状态，其输出必然发生失真，即当同相输入端电位高于反相输入端时，其输出为 $+V_{\mathrm{CC}}$，反之为 $-V_{\mathrm{CC}}$。

显然，理想运放接入正反馈，其同样工作在非线性区。

在各种开关电路中，理想运放都工作在非线性区。

（2）线性工作区

要使理想运放工作在线性工作区，必须接入负反馈，这是运放组成放大电路的必要条件。

7．工作在线性区的理想运放的两个重要特性

（1）理想运放两个输入端的电位相等。

因为 $U_{\mathrm{P}} - U_{\mathrm{N}} = U_{\mathrm{O}} / A_{\mathrm{od}}$，而 $A_{\mathrm{od}} \to \infty$，$U_{\mathrm{O}}$ 为有限值，故有 $U_{\mathrm{N}} = U_{\mathrm{P}}$。

（2）理想运放的输入电流为零。

这是由于 $r_{\mathrm{id}} \to \infty$，所以有：$i_{\mathrm{i}} = 0$。

这两条特性是分析运放工作在线性区的各种电路的基本依据，这两条特性常用"虚短"和"虚断"的概念来概括。所谓"虚短"，是指对电压而言，两个输入端相当于短路；"虚断"是指对电流而言，两个输入端相当于开路。

8．集成运放电路的负反馈

如图 12-1-6 所示，电压负反馈取样的是输出电压，稳定的也是输出电压。

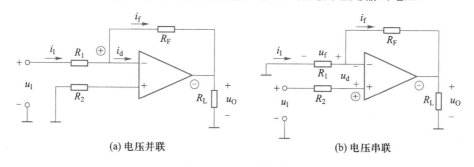

(a) 电压并联　　　　　　　　　　(b) 电压串联

图 12-1-6　电压负反馈

如图 12-1-7 所示，电流负反馈取样的是输出电流，稳定的也是输出电流。

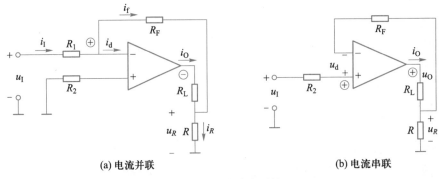

(a) 电流并联　　　　　　　　　(b) 电流串联

图 12-1-7　电流负反馈

并联反馈使输入电阻减小，串联反馈使输入电阻增大。

9．LM358 集成运放简介

如图 12-1-8 所示， LM358 为常见的集成运放，其内部制作了两个运算放大器，8 脚和 4 脚分别为正、负电源端，其实物及各引脚功能如图 12-1-8 所示。

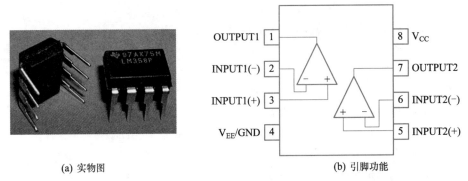

(a) 实物图　　　　　　　　　(b) 引脚功能

图 12-1-8　LM358 集成运放实物图与引脚功能

★ **任务分析**

1．反相输入比例运算放大电路

由于集成运放的电压放大倍数很高，所以要让它工作在线性区，必须引入负反馈。可以说引入负反馈是运放工作在线性区的必要条件，而不是充分条件。

同时，由公式 $A_F = \dfrac{A}{1 + AF}$ 可知，接入负反馈后，运算放大电路的放大倍数基本取决于反馈网络的反馈系数，而与运放本身无关，而反馈网络一般由线性电路组成，故电路的放大倍数会变得非常稳定，本电路中的 R_F 就是反馈电阻。

反相比例运算电路的构成为电压并联负反馈，其电压放大倍数：

$$u_O = -\frac{R_F}{R_1} u_I$$

电路中的负号表示输出信号与输入信号相位相反。

2. 运放的供电方式

仔细观察图 12-1-1 所示电路，会发现原理图中没有电源，这是常见的省略画法，实际上一个集成电路块要工作，必须接电源，这里采用的是双电源接法，LM358 集成块的 8 脚、4 脚分别接正、负电源，电源的中心接地点无需直接接入集成块，具体接法如图 12-1-9 所示。图中增画了一个 2kΩ 的负载电阻。

在输出信号正半周，负载由正电源拖动，在输出信号负半周，负载由负电源拖动。这与 OCL 功率放大电路完全一致。

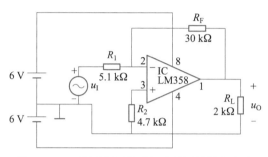

图 12-1-9 　补画电源的反相比例运算放大电路

★ 任务实施

1. 元器件准备及检测

元件序列	参数或型号	元件序列	参数或型号
R_1	5.1kΩ	R_F	30 kΩ
R_2	4.7kΩ	R_L	2 kΩ
IC	LM358		

2. 电路装配及焊接（如图 12-1-10 所示）

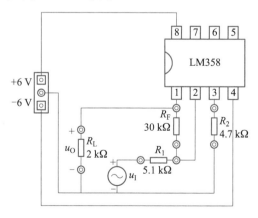

图 12-1-10 　电路装配图

3．电路功能测试

（1）如图 12-1-11 所示，确认电路装接无误后通电，输入端接地，测量输出端对地电压，看是否为 0V。

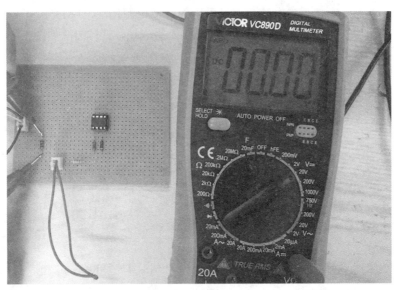

图 12-1-11 输入端接地时，测输出端电压

（2）输入端接 0.3V 直流电压，测量输出端对地电压。

（3）如图 12-1-12 所示，用信号发生器输入正弦波信号，并调节输入信号幅度，使输出信号不发生失真，用示波器测量输入、输出波形，并计算电路的电压放大倍数。图 12-1-13 所示为测得的电压波形。

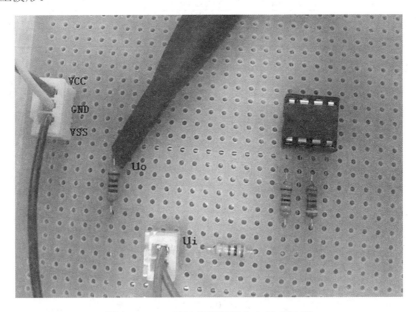

图 12-1-12 示波器测量输入与输出波形

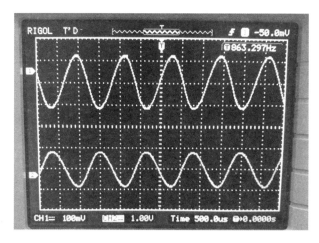

图 12-1-13　示波器显示的输入、输出波形

★ 任务总结

从示波器显示波形可知，该放大器的输出信号与输入信号反相，放大倍数约为 6。

★ 知识问答

1．理想运放两个输入端的电位相等的条件是什么？

答：理想运放两个输入端的电位相等的前提条件是运放处于线性放大状态。从电路上看至少是接有负反馈网络。

2．图 12-1-1 所示电路中输入端接 0.1V 直流电压，输出端对地电压为多大？

答：这是一个放大倍数约为 6 的反相比例运放，当输入电压为 0.1V 直流信号时，其输出电压约为-0.6V。

3．上题中，当输入信号达到多大后，输出信号必发生线性失真？

答：由于电源电压为±6V，即输出电压不可能超过±6V，而电路设计的放大倍数为 6，故当输入电压超过±1.0V 后，电路发生失真。

4．什么是直流信号？集成运放为什么能放大直流信号？

答：直流信号就是变化非常缓慢的信号或某个直流量。集成运放能放大直流信号是因为集成运放内部采用直接耦合，对直流信号无阻碍作用。

5．什么叫共模信号？什么叫差模信号？

答：大小相等、极性相同的输入信号称为共模信号。大小相等、极性相反的输入信号称为差模信号。

6．集成运放能否放大交流信号？

答：因为集成运放内部采用直接耦合，对直流信号无阻碍作用，对交流信号更无阻碍作用，当然能放大交流信号。

★ 知识拓展

集成运放构成的交流反相比例运算放大电路

图 12-1-1 所示的反相比例运算放大电路既能放大直流信号，也能放大交流信号。但如果只需放大交流信号，也可以在输入端和输出端增加两个电容器，如图 12-1-14 所示，这样可使电路的零点漂移得到彻底隔离。

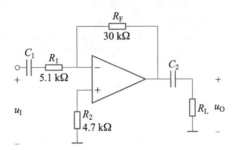

图 12-1-14　加隔直电容后的反相比例运放电路

任务 2　同相输入比例运算放大电路安装与测试

★ 任务目标

1．掌握集成运放的基本构成。
2．掌握集成运放外围电路的基本接法。

★ 任务描述

用 LM358 集成运放制作图 12-2-1 所示同相输入比例运算放大电路。

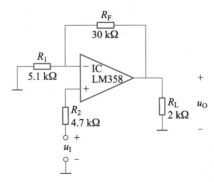

图 12-2-1　同相输入比例运算放大电路

★ 任务分析

本任务要求制作同相输入比例运算放大电器，这是电路的常见画法，实际上一个集成电路块要工作，必须接电源。这里采用的是双电源接法，LM358 集成块的 8 脚、4 脚分别接正、负电源，电源的中心接地点无需直接接入集成块，具体接法如图 12-2-2 所示。

集成运放的开环电压放大倍数很高，所以无论是反相比例运算放大电路还是同相比例运算放大电路，要让它工作在线性区，一定有负反馈网络。本电路中的 R_F 就是反馈电阻。

同相比例运放的实质是电压串联负反馈放大器，其输出电压：

$$u_O = \left(1 + \frac{R_F}{R_1}\right)u_I$$

★ 任务实施

1. 元器件准备及检测

元件序列	参数或型号	元件序列	参数或型号
R_1	5.1kΩ	R_F	30 kΩ
R_2	4.7kΩ	R_L	2 kΩ
IC	LM358		

2. 绘制同相比例运算放大电路的原理图

图 12-2-2 所示为补上正、负电源与负载的同相比例运算放大电路。

3. 根据原理图画电路接线图（如图 12-2-3 所示）

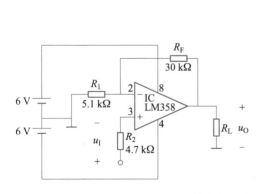

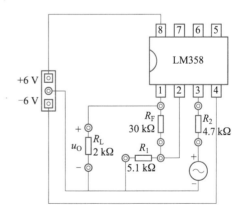

图 12-2-2　补上电源的同相比例运算放大电路　　　图 12-2-3　同相比例运算放大电路接线图

4. 电路安装及功能测试

电路安装正确，无短路、粘连、虚焊等情况后，通电测试。

（1）确认电路装接无误后通电，输入端接地，测量输出端对地电压，看是否为 0V。如图

12-2-4 所示。

图 12-2-4 输入端短接时输出电压为 0

（2）输入端接 0.2V 直流电压，测量输出端对地电压。

（3）用信号发生器输入一定幅度的正弦波信号，用示波器测量输入、输出波形，如图 12-2-5 所示，测出在输出信号不失真前提下，电路的电压放大倍数。

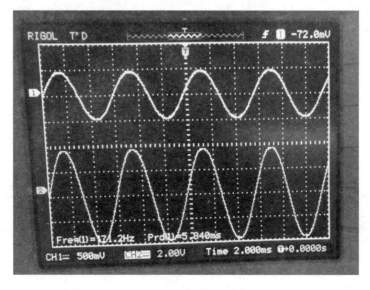

图 12-2-5 同相比例运放的输入、输出波形

★ 任务总结

从电路的输入、输出波形可知，同相比例运放对输入信号进行了有效放大，并且输出信号在相位上与输入信号完全一致。

★ 知识问答

1. 相比于反相比例运放，同相比例运放在输出波形上有何区别？

答：反相比例运放的输出波形与输入波形相位相反，而同相比例运放的输出波形与输入波形的相位相同。

2. 相比于反相比例运放，同相比例运放有何优缺点？

答：优点：相比于反相比例运放，同相比例运放的输入电阻要大得多。缺点：随着信号的输入，同相比例运放有较大的共模电压输入，故对运放的共模抑制比要求较高。

任务 3　集成运放的单电源接法

★ 任务目标

掌握单电源集成运放的电路特点及基本接法。

★ 任务描述

完成图 12-3-1 所示单电源反相输入交流放大电路的安装。

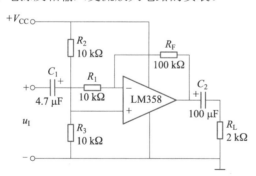

图 12-3-1　单电源反相输入交流放大电路

★ 任务分析

这是一种相当于 OTL 功率放大器的电路，单电源供电是将运放的 $-V_{EE}$ 引脚连接到地。电路通过 R_2 与 R_3 分压，保证集成运放内部电路具有合适的静态工作点。此时运放的输入是在相应的直流电位上变化，输出信号则是在 $+\dfrac{1}{2}V_{CC}$ 基础上随输入信号变化。

电路中 C_1 为输入耦合电容，为使交流信号加到运放中，电路构成的是交流反相比例运放，其电压放大倍数为 $u_o = -\dfrac{R_F}{R_1} u_I$。

电路中 C_2 为输出耦合电容，同时在输出信号负半周给集成块内部输出级部分电路供电，故 C_2 的容量不能太小。

★ 任务实施

1．元器件准备及检测

根据图 12-3-1 所示电路图进行元件准备及检测。

2．根据原理图画电路接线图（如图 12-3-2 所示）

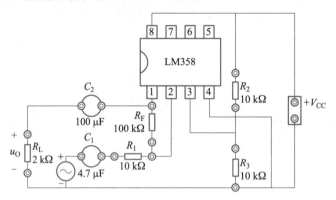

图 12-3-2　单电源交流放大电路接线图

3．电路安装、检测及调试

（1）如图 12-3-3 所示，完成电路安装。

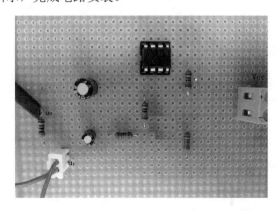

图 12-3-3　单电源交流放大电路

（2）确认电路无短路、粘连、虚焊等情况后通电检测，输入端接地，测量运放输出端对地电压，看是否为 $\dfrac{1}{2} V_{CC}$。

（3）用信号发生器输入频率为 1000Hz、一定幅度的正弦波信号，用示波器测量输入、输出波形，如图 12-3-4 所示，并求出电路的电压放大倍数。

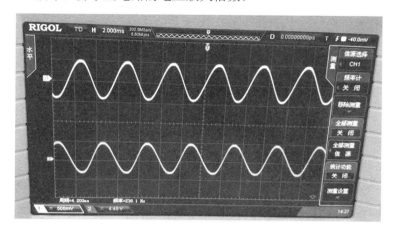

图 12-3-4 　示波器测得的输入、输出波形

★ 知识问答

1. 电路中 R_2 与 R_3 有什么作用？

答：集成运放改成单电源供电后，为保证集成运放内部电路仍具有合适的静态工作点，电路需通过 R_2 与 R_3 分压来提供偏置电压。

2. 为什么电路中 C_2 的容量不能太小？

答：在输出信号负半周，负载、集成块内部输出级部分电路靠 C_2 供电，故 C_2 的容量不能太小。

★ 知识拓展

单电源同相输入交流放大电路

如图 12-3-5 所示，电路通过 R_1 与 R_2 分压，保证集成运放内部电路具有合适的静态工作点。此时通过 C_1 的输入信号是在相应的直流电位上变化，输出信号则是在 $+\dfrac{1}{2} V_{CC}$ 基础上随输入信号变化。

电路中 C_1 为输入耦合电容，C_2 为旁路电容，为使交流信号加到运放中，电路构成的是交流同相比例运放。

电路中 C_3 为输出耦合电容，同时在输出信号负半周给集成块内部输出级部分电路供电。

单电源同相比例运放的电压放大倍数

$$u_O = \left(1 + \frac{R_F}{R_1}\right)u_I$$

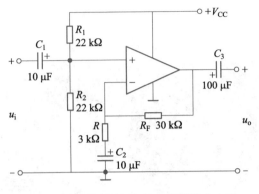

图 12-3-5 单电源同相输入交流放大电路

任务 4 简易光控灯的安装（集成运放的非线性应用）

★ 任务目标

1. 学会集成运放的非线性应用。
2. 学习集成运放的单电源供电。

★ 任务描述

完成图 12-4-1 所示简易光控灯电路的装接与调试。

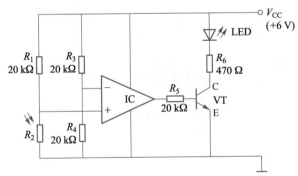

图 12-4-1 简易光控灯电路

★ 任务分析

图 12-4-1 所示电路的集成运放处于开环状态，故电路工作在非线性工作区，是一个电压

比较器，当光照到光敏电阻时，R_2 阻值下降，运放同相输入端电位降低，并低于反相输入端电位，运放输出低电平，三极管截止，发光二极管不发光。

当晚上无光照时，R_2 阻值上升，运放同相输入端电位升高，并高于反相输入端电位，运放输出高电平，三极管饱和导通，发光二极管发光。

★ 任务实施

1. 元器件准备及检测

元件序列	参数或型号	元件序列	参数或型号
R_1	20kΩ	R_5	20 kΩ
R_2	光敏电阻	R_6	470Ω
R_3	20 kΩ	IC	LM358
R_4	20 kΩ	VT	9013

2. 电路布局设计及装接（如图 12-4-2 所示）

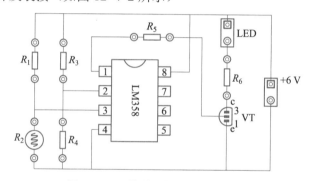

图 12-4-2 简易光控灯电路装配图

3. 电路功能测试

在确认电路安装正确，无虚焊、粘连等情况后，接 6V 电源，在有光射入光敏电阻 R_2 时，用万用表测量集成块 2 脚与 3 脚的电位，并观察 LED 的发光情况，如图 12-4-3 所示。同理，在无光射入光敏电阻 R_2 时，观察 LED 的发光情况，如图 12-4-4 所示。

图 12-4-3 光敏电阻有光照时灯灭

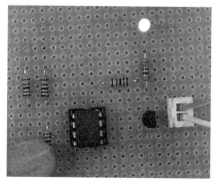

图 12-4-4 光敏电阻无光照时灯亮

★ 知识问答

1. 如何判断集成运放工作在放大区还是非线性区？

答：所谓放大区就是运放的输出信号与输入信号成比例关系。而非线性区就是输出信号与输入法信号不再成比例关系，当同相输入端电压高于反相输入端电位时，输出信号是+V_{CC}，反之就是-V_{CC}（双电源时）。判断集成运放是否工作在放大区关键是看电路是否存在负反馈，若电路无负反馈网络，则运放一定工作在非线性区。

2. 图 12-4-1 所示电路中 R_3、R_4 有何作用？

答：R_3、R_4 的作用是通过 R_3 与 R_4 分压后为运放提供一个比较电压。

3. 如要使光照到光敏电阻时发光二极管发光，电路中的发光二极管应接到哪个位置？

答：可以接至 R_1 或 R_4 位置。不管接到 R_1 还是 R_4 位置，光照到光敏电阻时，都将使同相输入端 3 脚电位高于反相输入端 2 脚电位，运放输出高电平，三极管饱和导通，LED 发光。

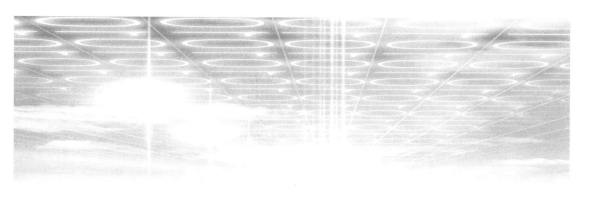

项目 13

振 荡 电 路

任务 1　简易报警电路的制作

★ 任务目标

1. 学习利用交流正反馈制作振荡电路。
2. 学习 RC 电路的延时作用。

★ 任务描述

根据图 13-1-1 所示简易报警电路原理图，选择合适的元器件，在多功能电路板上完成该电路的制作，并对电路进行功能测试与分析。

★ 任务分析

这是一个利用三极管交流正反馈实现振荡输出的电路，C_1 与 R_3 构成交流正反馈网络，可用瞬时极性法判断反馈过程：

$$V_{B1}\uparrow \Rightarrow V_{C1}\downarrow \Rightarrow V_{B2}\downarrow \Rightarrow V_{C2}\uparrow \Rightarrow V_{B1}\uparrow$$

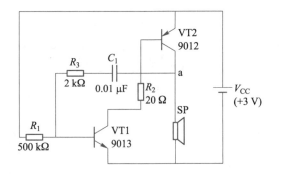

图 13-1-1　简易报警电路原理图

需要注意的是在这个反馈回路中串有电容 C_1，是一个交流正反馈。交流正反馈的结果并不是使电路进入到某一稳定状态，而是实现电路的振荡输出，具体分析如下：

如图 13-1-2 所示，在初始阶段若 V_{B1} 是上升的，反馈的结果使流入三极管 VT1 基极的电流迅速增大，VT1 迅速进入饱和状态，同时 VT2 也进入饱和状态。

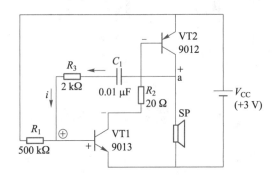

图 13-1-2　V_{B1} 上升时的反馈过程

但 VT1 的饱和状态不会一直维持，因为随着时间的推延，流过电容 C_1 的电流会变得越来越小，使流入三极管 VT1 的基极电流也越来越小，最后三极管 VT1 退出饱和区，进入放大区，接下来就是 $V_{B1}\downarrow \Rightarrow V_{C1}\uparrow \Rightarrow V_{B2}\uparrow \Rightarrow V_{C2}\downarrow \Rightarrow V_{B1}\downarrow$，这是另一个正反馈过程，使 VT1、VT2 迅速进入截止状态。

同样，VT1、VT2 的截止状态也不会长久维持，因为随着时间的推移，电路通过 R_3、C_1 的分流越来越少，最后使三极管 VT1 退出截止区进入放大区，接下来电路迅速翻转，VT1、VT2 又进入饱和状态。

这一电路最终实现的是 VT1、VT2 的开关输出，属于多谐振荡器。

★ 任务实施

1. 元器件准备及检测

元件序列	参数或型号	元件序列	参数或型号
R_1	500kΩ	VT2	9012
R_2	20Ω	C_1	0.01μF
R_3	2 kΩ	SP	16Ω，0.5W 扬声器
VT1	9013		

2．电路布线设计与安装

电路装配图如图 13-1-3 所示。

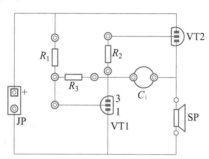

图 13-1-3　简易报警电路装配图

3．电路功能测试

确认电路装接正确，无短路、粘连、虚焊现象，三极管选型、安装方向正确后通电测试，正常情况下，接通电路，扬声器发出声音。

注意，该电路的电压不能随意升高，否则三极管 VT1、 VT2 静态工作点电位将上升并可能进入饱和区，由于扬声器阻值很小（即负载很重），会引起电流过大而烧坏三极管或扬声器。

★ 知识问答

1．若 C_1 容量增加，扬声器的音调如何变化？

答：若 C_1 容量增加，虽然不改变电路正反馈这一特性，但减慢了电容的充放电速度，也就降低了振荡的频率，扬声器音调变低。

2．若电路中 C_1 用导线代替，电路的工作情况怎样？

答：若 C_1 用导线代替，电路由交流正反馈变为直流正反馈，三极管 VT1、VT2 饱和导通，相当于扬声器直接接电源正极，这样的结果是扬声器并不发声，但很可能烧坏线圈。

3．电路中的电阻 R_2 有何作用？

答：电阻 R_2 主要用于限流，防止三极管烧坏。一般为几欧至几十欧，如 R_2 阻值过大，则音量过小。

★ 知识拓展

简易延时报警电路

图 13-1-4 所示为简易延时报警电路原理图，按下按钮 SB，电源迅速对 C_2 充电，同时给振

荡电路供电,使其工作,扬声器能发声。按钮 SB 松开后,由电容 C_2 通过 R_1 给三极管 VT1 提供直流偏置,振荡电路继续工作,扬声器继续发声,直至 C_2 放电完毕,电路停止振荡。图 13-1-5 所示为简易延时报警电路实物图。

注意,若 R_1 过小,易使三极管进入饱和状态,在按下按钮后,电路无法振荡,直至电容放电至一定程度,电路才退出饱和状态,出现振荡现象。当然 C_2 放电完毕,电路停止振荡。

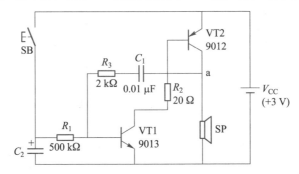

图 13-1-4 简易延时报警电路原理图

图 13-1-5 简易延时报警电路实物图

任务 2 闪烁灯电路

★ 任务目标

1. 掌握交流正反馈电路的特点。
2. 学会制作多谐振荡器。

★ 任务描述

完成图 13-2-1 所示闪烁灯电路的制作与调试。

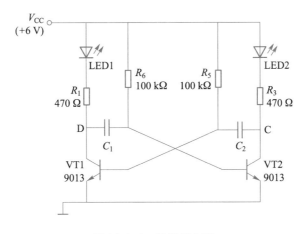

图 13-2-1 闪烁灯电路

★ 任务分析

该闪烁灯电路实质上是一个交流正反馈电路，利用直流正反馈可以构成双稳态电路，如图 13-2-2 所示。

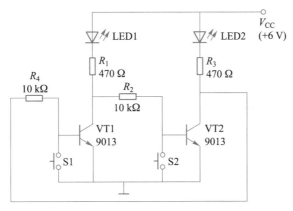

图 13-2-2 直流正反馈构成的双稳态电路

如图 13-2-3 所示，当反馈网络中串联上电容后，就变成交流正反馈，由于图中的电容切断了三极管的静态基极偏置，故在电路中另加了两个偏置电阻 R_5 与 R_6。

电路工作过程：

电路接通电源后，通过基极电阻 R_5、R_6 同时向两个三极管 VT1、VT2 提供基极偏置电流，使两个三极管进入放大状态。虽然两个三极管型号相同，但电路参数总会存在微小的差异，也包括两个三极管本身，也就是说 VT1、VT2 的导通程度不可能完全相同，假设 VT1 导通快些，则 M 点的电位就会降得快些。这个微小的差异将被 VT2 反相放大，使 N 点电位上升，并反馈到 VT1 的基极，使其基极电位上升，再经过 VT1 的放大，形成连锁反应，迅速使 VT1 饱和，

VT2 截止，即 M 点变成低电平"0"，N 点变成高电平"1"。

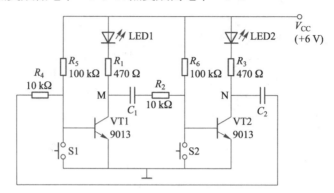

图 13-2-3 交流正反馈电路

但这种状态是否会一直维持呢？当 M 点电位为低电平"0"后，电源通过 R_6、R_2、C_1、三极管 VT1 构成通路，对电容 C_1 充电，当 C_1 充电至一定程度后，三极管 VT2 退出截止状态，进入放大状态，使 N 点电位下降，反馈回至 VT1 基极电位下降，这一正反馈，迅速使 VT2 饱和，VT1 截止，M 点变成高电平"1"，N 点变成低电平"0"。

此电路不需要外加触发信号，便能连续周期性地自行产生矩形脉冲。该脉冲是由基波和多次谐波构成的，因此称为多谐振荡电路。

事实上由于电阻 R_2、R_4 的存在，使 VT1、VT2 进入截止状态的难度加大，图 13-2-4 所示为去掉 R_2、R_4 及两个按钮后的多谐振荡电路。如把这个图画成对称形式，就是任务中要求我们做的电路。

该电路的振荡周期：

$$T=T_1+T_2=0.7(R_5C_2+R_6C_1)$$

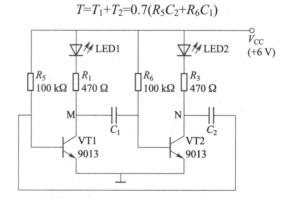

图 13-2-4 去掉 R_2、R_4 及按钮后的多谐振荡电路

★ 任务实施

1. 元器件准备及检测

元件序列	参数或型号	元件序列	参数或型号
R_1	470Ω	C_1	10μF
R_3	470Ω	C_2	10μF
R_5	100kΩ	VT1	9013
R_6	100 kΩ	VT2	9013
LED1，LED2	发光二极管		

2. 电路布局设计、焊接及功能测试

图 13-2-5 所示为闪烁灯电路装配图，图 13-2-6 所示为闪烁灯电路实际效果。

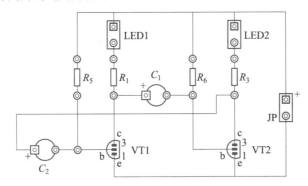

图 13-2-5　闪烁灯电路装配图

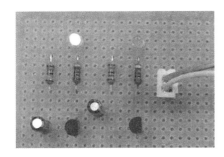 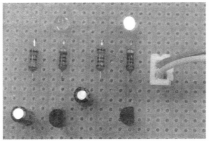

图 13-2-6　　闪烁灯电路实际效果

★ 知识问答

1. 分别标出电路中三极管 VT1 饱和导通与 VT1 截止时，流过电容 C_1 的电流路径。

答：VT1 饱和导通时流过 C_1 的电流路径如图 13-2-7 所示。VT1 截止时流过 C_1 的电流路径如图 13-2-8 所示。

2. 在电路中影响发光二极管 LED1 发光时间长短的因素是什么？

答：LED1 发光时间的长短，其实质就是三极管 VT2 截止时间的长短，在三极管 VT1 饱和导通时，电路通过 R_6、C_1、VT1 这一路径对 C_1 充电，当 VT2 基极电位上升至约 0.6V 时，电路翻转，故 R_6C_1 的值越大，VT2 导通越慢，LED1 发光时间越长。

注意，电路中 LED1 电阻 R_1 只是提供 C_1 的放电通道，而与振荡周期无关，这是因为有偏置电阻 R_6 的存在，不会因为 C_1 的放电而使 VT2 转为截止状态。

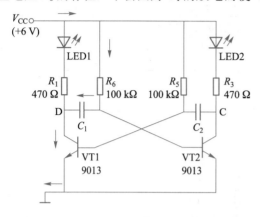 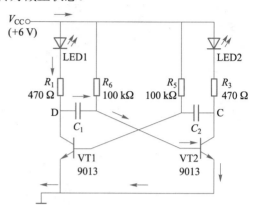

图 13-2-7　VT1 饱和时流过 C_1 的电流路径　　　　图 13-2-8　VT1 截止时流过 C_1 的电流路径

任务 3　集成运放闪烁灯电路

★ 任务目标

1. 学习用集成运放制作多谐振荡器。
2. 学习波形产生的基本方法。

★ 任务描述

完成图 13-3-1 所示闪烁灯电路的安装与调试。

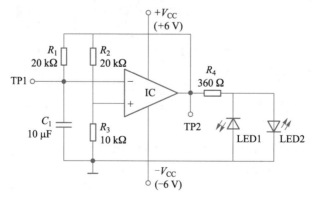

图 13-3-1　闪烁灯电路

★ **任务分析**

图 13-3-1 所示电路是一个用集成运放构成的多谐振荡器，若集成运放的反相输入端电位高于同相输入端电位，则输出为低电平，经 R_2、R_3 反馈后使同相输入端电平更低，而反相输入端由于电容两端电压不能突变，故使反相输入端电位高于同相输入端更多，从而使输出迅速变为低电平（-6V），LED1 发光，同时，同相输入端也维持为某一较低电平状态（-2V）。

当运放输出为低电平时，电容 C_1 经 R_1 放电，反相输入端电位逐渐降低，最终使反相输入端电位低于同相输入端，同样，经反馈后使输出电平迅速转为高电平（+6V），LED2 发光，同时，同相输入端维持为某一较高电平状态（2V）。

当运放输出为高电平时，电路经 R_1 对电容 C_1 充电，最终使集成运放的反相输入端电位高于同相输入端，电路再次反转。如此循环，运放输出矩形波信号。

★ **任务实施**

1. 元器件准备及检测

元件序列	参数或型号	元件序列	参数或型号
R_1	20 kΩ	C_1	10μF
R_2	20 kΩ	LED1	发光二极管
R_3	10 kΩ	LED2	发光二极管
R_4	360Ω	IC	LM358

2. 电路布局设计与焊接

图 13-3-2 所示为电路布线参考图，这里有一条跳线。当然如果不想跳线也是可以，只是在训练时不是过分强调这点。

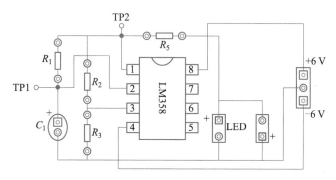

图 13-3-2　闪烁灯电路布线参考图

3. 电路功能测试

在确认电路安装正确，无短路、粘连、虚焊等情况后，通电检测，能观察到两个发光二极管交替发光，如图 13-3-3 所示。

图 13-3-3 两个发光二极管交替发光

如图 13-3-4 所示，把 C_1 从 $10\mu F$ 减小为 $0.01\mu F$，则由于两个发光二极管交替发光频率太高，而感觉都在发光，如图 13-3-5 所示。如用示波器测量测试 TP1、TP2 点的电压波形，则能看到图 13-3-5 所示的波形。

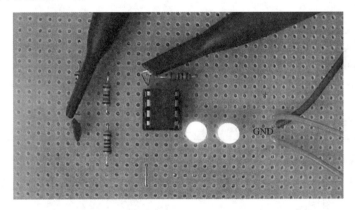

图 13-3-4 当振荡频率高时，感觉发光二极管都在发光

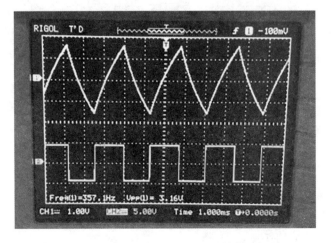

图 13-3-5 示波器测得的 TP1、TP2 点的电压波形

★　知识拓展

单电源多谐振荡电路

如图 13-3-6 所示，集成运放改为单电源供电，为实现电路的振荡，电路中加了一个上拉电阻 R_4，若无此上拉电阻，则反相输入端的电位永远不可能低于同相输入端的电位，这样电路就无法翻转，也就不可能出现多谐振荡。

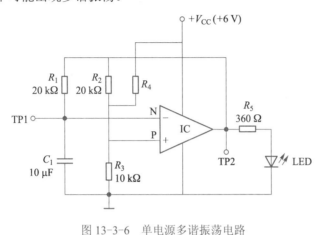

图 13-3-6　单电源多谐振荡电路

任务 4　集成反相器组成的多谐振荡器

★　任务目标

1. 学会分析多谐振荡器的工作原理。
2. 能用集成反相器制作多谐振荡器

★　任务描述

分析图 13-4-1 所示的多谐振荡器的工作原理，并在多孔板上完成该电路的制作。

★　知识准备

由集成门电路组成的多谐振荡器，其性能优良，外围元件少，应用广泛。这类振荡电路的分析看似简单，但似乎又很抽象，这里关键应抓住几点。

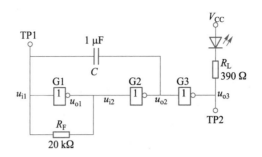

图 13-4-1 多谐振荡器电路

（1）集成块要工作，必须要接电源，只是电路图中省略了电源的画法。

（2）集成块的信号输入端（这里就是 G1、G2 门的输入端），其输入电阻很大，可以认为只有输入电压，而无需输入电流。

（3）集成块的信号输出端（这里就是 G1、G2 门的输出端），其输出电阻很小，即输出高电平时允许较大电流流出，输出低电平时允许较大电流流入。

★ 任务分析

1. 多谐振荡器电路分析

如图 13-4-2 所示，设初始时 $u_{i1}=0$，则 $u_{i1}=0 \Rightarrow u_{o1}=1 \Rightarrow u_{i2}=1 \Rightarrow u_{o2}=0$，电流从 G1 门输出端经 R_F、C 流向 G2 门输出端。

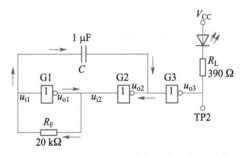

图 13-4-2 $u_{i1}=0$ 时 G1、G2 门电流路径

随着电容的充电（假定电流从左向右方向为充电），电容左正右负的电压逐渐上升，G1 门输入端的电压也逐渐上升。

当 $u_{i1} \geqslant U_{ON}$ 时，则 G1 门迅速翻转，使 $u_{o1}=0 \Rightarrow u_{i2}=0 \Rightarrow u_{o2}=1$，由于 G2 门的输出突然从 0 转向 1，而电容 C 两端电压不能突变，故反馈的结果使 G1 门的输入 u_{i1} 更高，从而使 G2 门的输出维持为 1。

如图 13-4-3 所示，在 G2 门输出维持为 1 期间，电流从 G2 门输出端经 C、R_F 流向 G1 门输出端。

同样，随着电容的反向充电，电容右正左负的电压逐渐上升，这一结果使 G1 门的输入端电位不断降低，当 $u_{i1} \leqslant U_{OFF}$ 时，电路再次翻转，G2 门的输出转为 0，如此往复，形成多谐振荡。

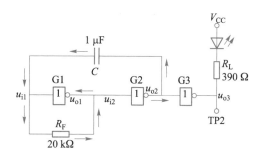

图 13-4-3　G2 门输出维持为 1 期间的电流路径

G3 门的作用仅作波形整形，具体工作过程不再赘述。

2．集成反相器 4069 简介

如图 13-4-4 所示，集成反相器 4069 的 14 脚为电源正极输入端，7 脚为电源负极输入端。内部共制作 6 个反相器，如图 13-4-4（b）所示。

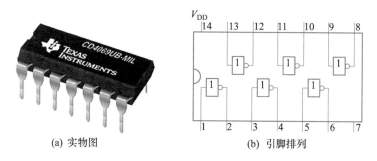

(a) 实物图　　　(b) 引脚排列

图 13-4-4　4069 集成反相器

★ **任务实施**

1．元器件选择、检测及电路布线设计（如图 13-4-5 所示）

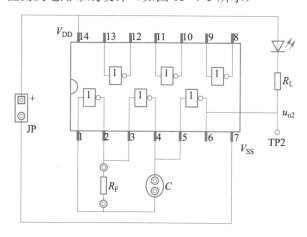

图 13-4-5　电路布线参考图

2. 电路安装及测试

电路安装完成，在确认电路无短路、粘连、虚焊现象，电路连接正确、集成块接线正确后通电测试，正常情况下能看到发光二极管闪烁，如图 13-4-6 所示。

图 13-4-6 发光二极管闪烁

可用示波器分别测得 TP1、TP2 点的波形，如图 13-4-7 所示。

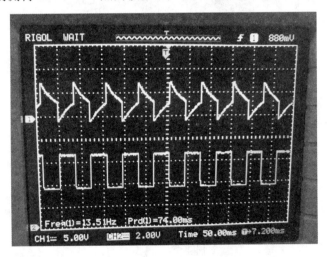

图 13-4-7 示波器测得 TP1、TP2 点的波形

★ 知识问答

1. 若把电路中的电容 C 从 $1\mu F$ 改成 $0.01\mu F$，发光二极管的发光情况如何？

答：电路中的电容 C 从 $1\mu F$ 改成 $0.01\mu F$，将使电路的振荡频率明显上升，发光二极管发光频率明显上升，眼睛将看不到其闪烁，感觉一直亮着。

2. 如图 13-4-7 所示，在 TP1 点的波形中出现突然向上或向下的跳变，这是为什么？

答：这是因为在 G2 门翻转时，电容 *C* 两端电压不能突变，从而造成 G1 门输入端电位的突变。

3. 为什么在 TP1 点的波形高电平期间，TP2 点的波形为低电平？

答：因为在 TP1 点的波形高电平期间，输入 G1 门的信号为高电平，此时 G2 门的输出也是高电平，只是图中的测点 TP2 是经 G3 门再次反相的波形，故为低电平。

任务 5 *RC* 桥式振荡电路

★ 任务目标

1. 学习利用集成运放制作 *RC* 桥式振荡电路。
2. 学习振荡电路的稳幅过程。

★ 任务描述

根据图 13-5-1 所示 *RC* 桥式正弦振荡电路，选择合适的元器件，在多功能电路板上完成该电路的制作。

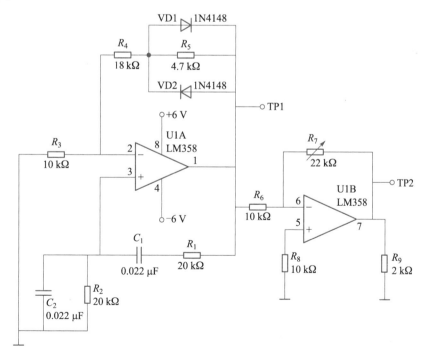

图 13-5-1 *RC* 桥式正弦振荡电路

★ 任务分析

RC 桥式振荡电路主要由基本放大电路、选频网络及正反馈网络三部分组成，其中基本放大电路使电路获得一定幅值的输出量；选频网络确定电路的振荡频率，保证电路产生正弦波振荡；正反馈网络的作用是在振荡电路中，当没有输入信号的情况下，引入正反馈信号使电路发生振荡。

该电路前级是 RC 桥式振荡电路，后级是反相比例运放，以实现对前级振荡波形的放大，以提高带负载能力。

1. RC 串并联网络的选频特性

RC 串并联选频网络如图 13-5-2 所示，其中 R_1、C_1 和 R_2、C_2 组成串并联选频网络。

当输入为频率很低的正弦信号时，由于电容的容抗，使信号大部分降落在串联电容 C_1 上，输出的幅度很小。如果输入的是高频率的正弦信号，则由于 C_2 几乎使输出短路，大部分信号电压降落在 R_1 上，因此输出电压仍然很小。可见，只有频率为某一中间值时，输出电压才达到最大值。这一频率称为谐振频率 f_0，如图 13-5-3 所示。

若 $R_1=R_2=R$，$C_1=C_2=C$，则谐振频率 $f_0=\dfrac{1}{2\pi RC}$。

谐振时，网络的输出电压 U_f 的幅度为最大，为输入电压的 $\dfrac{1}{3}$，而且相位也相同。

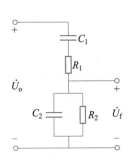

图 13-5-2 RC 串并联选频网络

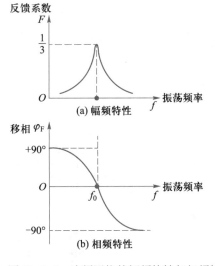

图 13-5-3 选频网络的幅频特性与相频特性

2. RC 桥式正弦波振荡器的放大倍数

图 13-5-4 所示为最基本的 RC 桥式振荡电路，由于频率为谐振频率 f_0 时，同相输入端的电压只有输出端的 $\dfrac{1}{3}$，为满足起振条件，就要求起振时放大器的放大倍数必须略大于 3，而在稳定振荡阶段，放大倍数为 3。

3. 稳幅措施

在实际电路中，为了使振荡幅度稳定，通常在放大电路的负反馈回路里加入非线性元件来自动调整负反馈放大电路的增益，从而维持输出电压幅度的稳定。图 13-5-1 中的两个二极管 VD1、VD2 便是稳幅元件。当输出电压的幅度较小时，电阻 R_5 两端的电压低，二极管 VD1、VD2 截止，负反馈系数由 R_3、R_4 及 R_5 决定；当输出电压的幅度增加到一定程度时，二极管 VD1、VD2 在正负半周轮流工作，其动态电阻与 R_5 并联，使负反馈系数加大，电压增益下降。输出电压的幅度越大，二极管的动态电阻越小，电压增益也越小，输出电压的幅度基本保持稳定。

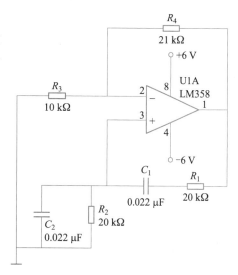

图 13-5-4　最基本的 RC 桥式振荡电路

★ 任务实施

1. 元件选择及接线图设计

本 RC 振荡电路需用到集成运放，这里利用 LM358 来实现，图 13-5-5 所示为利用 LM358 实现正弦波振荡电路的布局布线图。

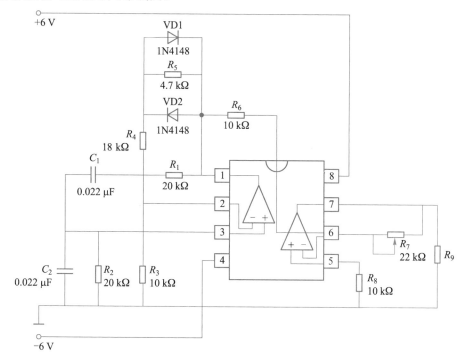

图 13-5-5　RC 正弦波振荡电路布局布线图

2. 电路安装及测试

根据图 13-5-5 所示电路布局布线图，完成电路安装，如图 13-5-6 所示。在确认安装无问题后通电试验。

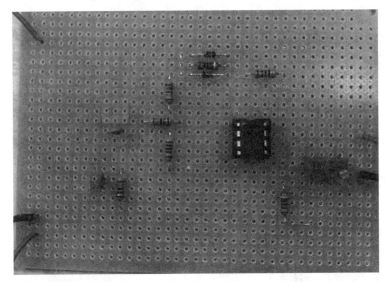

图 13-5-6 *RC* 正弦波振荡电路实物图

若通电后无振荡输出，则应先查 LM358 是否装反，电源是否供电，再检查电路是否满足起振条件，特别是关键元件参数选择是否正确，如 R_4 与 R_5 之和要比 $2R_5$ 略大。

若电路正常，TP1、TP2 点可测到正弦波。若 TP1 点波形正常，TP2 点的波形被限幅，如图 13-5-7 所示，说明 U1B 放大倍数过大，可调节 R_7 减小放大倍数。

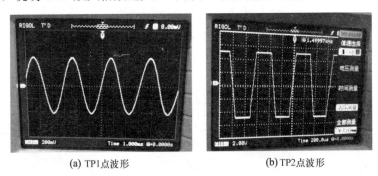

(a) TP1点波形　　　　　　　　　(b) TP2点波形

图 13-5-7 正常的 TP1 点波形与被限幅的 TP2 点波形

★ 知识问答

1. 图 13-5-1 所示电路中的正反馈网络由什么组成？其反馈系数多大？

答：由 R_1、C_1 和 R_2、C_2 组成串并联选频网络，当频率为谐振频率

$f_0 = \dfrac{1}{2\pi\sqrt{R_1 R_2 C_1 C_2}}$ 时，在同相输入端的电压达到最大值，为输出端的 $\dfrac{1}{3}$，即反馈系数为 $\dfrac{1}{3}$。

2．图 13-5-1 所示电路中的两个二极管 VD1、VD2 及电阻 R_5 的作用是什么？

答：图中的两个二极管 VD1、VD2 及电阻 R_5 是稳幅元件，保证起振时电路的放大倍数大于 3。而当振荡幅度增大后，VD1、VD2 正负半周轮流工作，其动态电阻减小，使负反馈系数加大，电压增益下降。输出电压的幅度越大，二极管的动态电阻越小，最终输出信号达到一定幅度时，电路的放大倍数回落到 3 倍。

3．若图 13-5-1 所示电路中集成运放的输出端 7 脚直接与扬声器相连，对电路有何要求？

答：因集成运放采用双电源供电，其电路输出相当于 OCL 电路，静态时无直流电流流过扬声器，但由于扬声器的直流电阻不大，若电路的振荡频率过低，可能使输出电流过大而损坏集成块或扬声器。

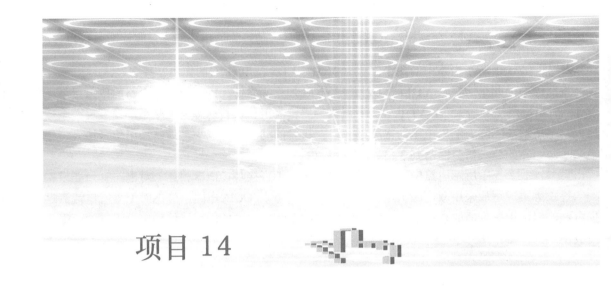

项目 14

555 时基电路

任务 1 　楼道延时灯电路

★ 任务目标

了解集成 555 时基电路各引脚的功能。能用 555 时基电路制作简单的延时电路。

★ 任务描述

完成图 14-1-1 所示延时灯电路的安装、调试，并达到下列要求：按下按钮 SB 时，要求发光二极管正常发光，松开按钮 SB，延时一定时间后发光二极管熄灭。

★ 任务分析

1. 集成 555 时基电路简介

图 14-1-2 所示为集成 555 时基电路实物图及引脚排列。

集成 555 时基电路也称为集成定时器，是一种数字、模拟混合型的中规模集成电路，应用十分广泛。该电路使用灵活、方便，只需外接少量的阻容元件就可以构成单稳、多谐和施密特触发器，因而广泛用于信号的产生、变换、控制与检测。

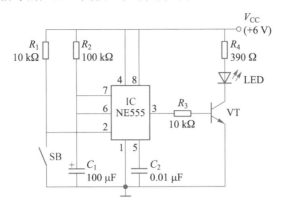

图 14-1-1　555 时基电路制作的延时灯电路

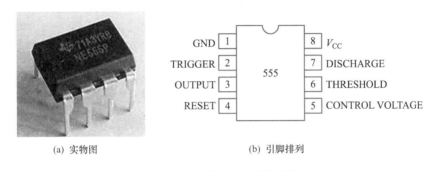

(a) 实物图　　　　　　　　　(b) 引脚排列

图 14-1-2　集成 555 时基电路

集成 555 时基电路有 8 个引脚，其中 8 脚接电源正极，1 脚接电源负极，2 脚与 6 脚分别为两个信号输入端，当 6 脚输入电平超过 5 脚电平时，触发器复位，输出端 3 脚输出低电平，同时内部 7 脚与 1 脚的低电阻连通；当输入至 2 脚的信号低于 5 脚信号的 $\frac{1}{2}$ 时，触发器置位，555 的 3 脚输出高电平，同时内部 7 脚与 1 脚间的放电开关管截止。

4 脚是复位端，当其为低电平 0 时，555 输出低电平。5 脚是控制电压端，平时输出 $\frac{2}{3}V_{CC}$ 作为比较器的参考电平，当 5 脚外接一个输入电压时，即改变了比较器的参考电平，从而实现对输出的另一种控制。在不接外加电压时，通常接一个 0.01μF 的电容到地，起滤波作用，以消除外来的干扰，确保参考电平的稳定。

当 3 脚输出低电平时，7 脚与 1 脚间放电管导通，为定时电容提供低阻放电电路。

2．延时灯工作原理分析

按下按钮 SB，555 集成块 2 脚输入低电平，即 2 脚的信号低于 $\frac{1}{3}V_{CC}$，故 3 脚输出高电平，三极管 VT 饱和导通，发光二极管发光，同时 555 集成块 7 脚内放电管截止，电源通过 R_2 对

C_1 充电。

松开按钮 SB 初期，虽然 2 脚的输入电平高于 $\frac{1}{3}V_{CC}$，但 3 脚仍然输出高电平（保持），这时电源 V_{CC} 通过 R_2 对 C_1 的充电同样继续。

随着对 C_1 充电的继续，6 脚电位高于 $\frac{2}{3}V_{CC}$，3 脚输出翻转为低电平，三极管 VT 截止，发光二极管不发光。

当 3 脚输出翻转为低电平时，7 脚内放电管导通，电容 C_1 放电，电源通过 R_1 放电管旁路，即不再对 C_1 充电。6 脚维持在低电平，为下次触发作准备。

★ 任务实施

1. 元器件准备及检测

元件序列	参数或型号	元件序列	参数或型号
R_1	10kΩ	R_3	10kΩ
R_2	100kΩ	R_4	390Ω
C_1	100μF	IC	NE555
C_2	0.01μF	VT	9013
LED	发光二极管	SB	轻触按钮

2. 电路布局布线及安装

图 14-1-3 所示为延时灯电路的布局布线图。

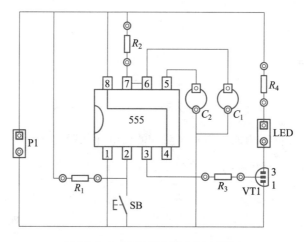

图 14-1-3　延时灯电路布局布线图

3. 电路功能测试

正常情况下，通上电源，按下 SB 时，LED 发光，松开 SB 后，LED 延时熄灭，如图 14-1-4 所示。

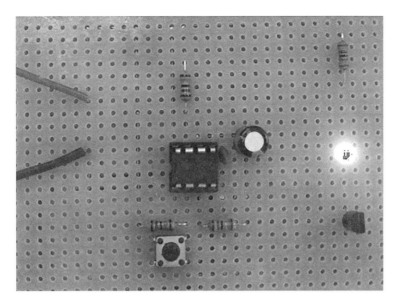

图 14-1-4　按下 SB 后，LED 延时熄灭

测量静态时 NE555 各脚的电位，并将结果填入下表。

状态	引脚号	电位值	引脚号	电位值
静态时	1		5	
	2		6	
	3		7	
	4		8	

★ 知识问答

1．松开 SB 后，LED 继续发光一定时间后才熄灭的原因是什么？

答：按下 SB 再松开后，虽然 2 脚输入变为高电平，但 2 脚只对低电平敏感，故 3 脚输出高电平不变。但 3 脚输出高电平期间，集成块内部 7 脚与 1 脚之间断开，电源通过 R_1 对电容 C_1 充电，6 脚电位逐渐升高，当 6 脚电位高于 $\frac{2}{3}V_{CC}$ 时，3 脚输出低电平，LED 熄灭。这就表现为松开 SB 后，LED 继续发光一定时间后才熄灭。

2．电路静态时，555 时基电路 3 脚的电位情况如何？

答：从上题可知，即使按下 SB，电路 3 脚输出高电平，但松开按钮后，电路 3 脚最终输出低电平。故静态时，电路 3 脚输出低电平。

3．静态时 2 脚、6 脚的电位情况怎样？

答：由于上拉电阻 R_1 的存在，静态时 2 脚输入高电平，同时由于静态时 3 脚为低电平，故集成块 7 脚与 1 脚内部接通，故 6 脚也为低电平，为下次触发作准备。

4．若增加电阻 R_2 的阻值，对电路有何影响？

答：若增加电阻 R_2 的阻值，则电路对电容 C_1 的充电电流变小，电容 C_1 电压上升速度变慢，6 脚电位上升速度变慢，灯泡延时时间变长。

任务 2　555 多谐振荡器

★ 任务目标

1. 熟悉 555 时基电路各引脚的功能。
2. 学会用 555 制作多谐振荡器。

★ 任务描述

完成图 14-2-1 所示 555 多谐振荡器的安装、调试，并要求接通电路时扬声器能发出声音。

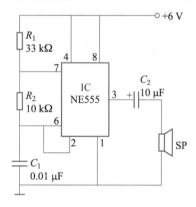

图 14-2-1　555 多谐振荡器

★ 任务分析

多谐振荡器的工作原理：

多谐振荡器是能产生矩形波的一种自激振荡器电路，它没有稳态，只有两个暂稳态，在自身因素的作用下，电路在两个暂稳态之间来回转换，故又称它为无稳态电路。

由 555 时基电路构成的多谐振荡器如图 14-2-1 所示，R_1、R_2 和 C_1 是外接定时元件，电路中将高电平触发端（6 脚）和低电平触发端（2 脚）并接后接到 R_2 和 C_1 的连接处，将放电端（7 脚）接到 R_1、R_2 的连接处。

由于接通电源瞬间电容 C_1 来不及充电，电容两端电压 u_{C_1} 为低电平，小于 $\frac{1}{3} V_{CC}$，故高电平触发端 6 与低电平触发端 2 均为低电平，3 脚输出 u_o 为高电平。

在输出 u_o 为高电平时，放电管截止，这时电源经 R_1、R_2 对电容 C_1 充电，当 u_{C_1} 上升到 $\frac{2}{3}V_{CC}$ 时，输出 u_o 为低电平。

当输出 u_o 为低电平时，放电管导通，电容 C_1 通过电阻 R_2 和放电管放电，u_{C_1} 下降，当 u_{C_1} 下降到 $\frac{1}{3}V_{CC}$ 时，输出 u_o 又为高电平。

不难理解，接通电源后，电路就在两个暂稳态之间来回翻转，3 脚输出矩形波。

电路一旦起振，u_{C_1} 电压总是在 $\left(\frac{1}{3}\sim\frac{2}{3}\right)V_{CC}$ 之间变化。图 14-2-2 所示为 555 多谐振荡器 2 脚、6 脚的输入波形与 3 脚的输出波形。

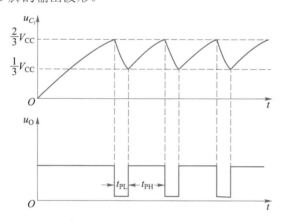

图 14-2-2 555 多谐振荡器工作波形

由于电容 C_1 充电时串联有电阻 R_1、R_2，而放电时只有 R_2，故电路的充电速度慢，放电速度快，因此表现为矩形波高电平时间长，低电平时间短。

★ 任务实施

1．元器件准备及检测

元件序列	参数或型号	元件序列	参数或型号
R_1	33kΩ	C_1	0.01μF
R_2	10kΩ	C_2	10μF
SP	16Ω，0.5W 扬声器	IC	NE555

2．电路布局布线及安装（如图 14-2-3 所示）

3．电路功能测试

确认电路装接正确，无短路、虚焊、粘连等故障后，通电试验。正常情况下能听到扬声器发出声音。

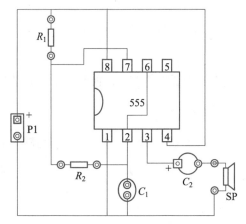

图 14-2-3 555 多谐振荡器布局布线图

★ 知识问答

1. 电路中电容 C_1 的容量对电路有何影响？

答：若其他元件参数不变，增加 C_1 的电容量，电容充放电过程中电压变化较慢，电路的状态翻转频率较低，扬声器音调变低。

2. 该多谐振荡器 3 脚输出高低电平时间是否相等？

答：不相等，高电平持续时间较长，因为 3 脚输出高电平时，电容 C_1 充电，由于 C_1 充电时有 R_1、R_2 限流，故充电电流较小，故需较长时间 3 脚才能由高电平变为低电平。而放电时，只有 R_2 限流，故放电快，只需较短时间 3 脚就由低平变为高电平。

★ 知识拓展

用 555 时基电路构成闪烁灯

图 14-2-4 所示用 555 时基电路构成的闪烁灯电路基本与音频发生器没什么差异，只是充放电回路中的电容量 C 明显增大，这样电路的振荡频率明显降低，眼睛能很容易发现灯光的闪烁。

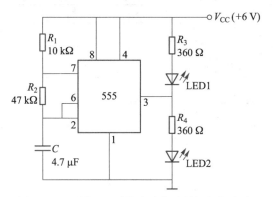

图 14-2-4 用 555 时基电路构成的闪烁灯电路

任务 3　用 555 时基电路制作"叮咚"门铃

★ 任务目标

1. 熟悉 555 时基电路的振荡过程,了解影响振荡频率的因素,掌握"叮咚"门铃的变音过程。

2. 掌握 555 时基电路清零端 4 脚的作用,实现门铃的工作延时。

★ 任务描述

完成图 14-3-1 所示"叮咚"门铃电路的安装及调试。

★ 任务分析

如图 14-3-1 所示电路,按下按钮 SB,电阻 R_2 被二极管 VD2 短路,充电回路电阻减小,振荡器频率较高,扬声器发出"叮"的声音。

与此同时,电源通过二极管 VD1 给 C_1 充电。放开按钮 SB 时,C_1 便通过电阻 R_1 放电,维持振荡。但由于 SB 的断开,电阻 R_2 被串入电路,使 C_2 充电速度下降,振荡频率变小,扬声器发出"咚"的声音。当 C_1 继续放电一定时间后,4 脚变为低电平,3 脚输出为零,振荡停止。改变 C_1 的容量可改变"咚"声余音的长短。

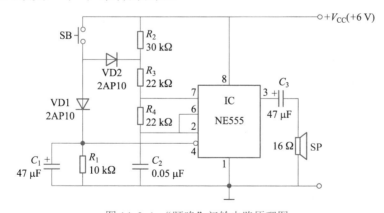

图 14-3-1　"叮咚"门铃电路原理图

★ 任务实施

1. 元器件准备及检测

元件序列	参数或型号	元件序列	参数或型号
R_1	10kΩ	C_1	47μF
R_2	30kΩ	C_2	0.05μF
R_3	22kΩ	C_3	47μF
R_4	22kΩ	VD1	2AP10
SB	按钮	VD2	2AP10
SP	16Ω，0.5W 扬声器	IC	NE555

2．电路布局布线及安装（如图 14-3-2 所示）

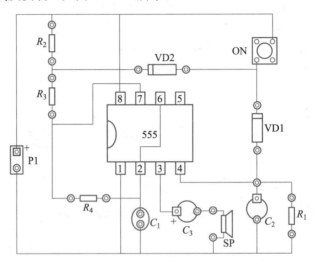

图 14-3-2　"叮咚"门铃电路布局布线图

3．电路功能测试

电路实物如图 14-3-3 所示，确定电路安装正确，无短路、虚焊、粘连等故障后，通电试验。正常情况下按下按钮能听到扬声器发出频率较高的"叮"声，松开按钮后能听到频率低一点的"咚"声。

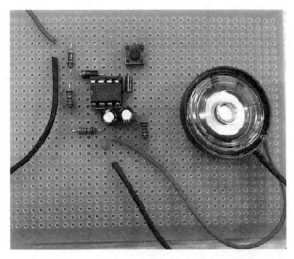

图 14-3-3　"叮咚"门铃电路实物图

★ **知识问答**

1. 某同学发现"叮"声很尖，想让声音柔和点，该怎么办？

答：声音尖，说明振荡频率太高，可适当增大电容 C_2 的容量，降低充放电速度。

2. 某同学发现松开按钮后，"咚"声很短，想让它长点，该怎么办？

答：适当增大 C_1 的容量，使电容放电时间延长，使"咚"声余音变长。

3. 某同学发现松开按钮后，"咚"声停不下来，是什么原因？

答："咚"声停不下来，说明振荡一直在进行，很可能是 R_1 的阻值太大，4 脚的电位降不下来。

★ **知识拓展**

用 555 时基电路制作双音电路

如图 14-3-4 所示，双音电路由两级振荡电路组成，第一级振荡频率较低，第二级振荡频率较高，第一级输出的信号经 R_3 接入第二级充电回路，当第一级输出高电平时，C_2 的充电速度变快（放电速度不变），振荡频率变高。当第一级输出低电平时，C_2 的充电速度变慢（放电速度不变），振荡频率变低，这样就出现了振荡频率有变化的音频信号。

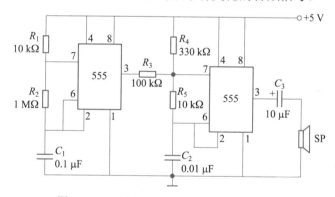

图 14-3-4　用 555 时基电路制作的双音电路

任务 4　用 555 时基电路制作直流升压电路

★ **任务目标**

1. 掌握 555 时基电路的应用。
2. 掌握直流升压电路的特点。

★ 任务描述

完成图 14-4-1 所示 555 直流升压电路的制作。

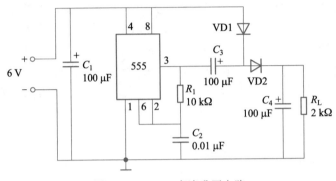

图 14-4-1 555 直流升压电路

★ 任务分析

如图 14-4-1 所示，刚通电时由于电容 C_2 未充电，故 555 的 2 脚、6 脚都输入低电平，3 脚输出高电平，此时通过 R_1 对 C_2 充电，当 C_2 两端电压高于 $\frac{2}{3}V_{CC}$ 时，3 脚输出低电平，此时 C_2 通过 R_1 经 555 的 3 脚放电，C_2 两端电压低于 $\frac{1}{3}V_{CC}$ 时，3 脚输出高电平，电路如此产生振荡，使 3 脚输出频率较高的矩形波。

当 3 脚输出低电平时，VD1 导通，电容 C_3 充电，当 3 脚输出高电平时，电容 C_3 右端电平被抬高至电源电压之上，VD1 截止，VD2 导通，C_4 充电，同时给负载供电，如此实现升压。

★ 任务实施

1. 电路布局布线及安装（如图 14-4-2 所示）

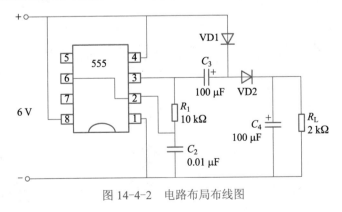

图 14-4-2 电路布局布线图

2．电路功能测试

接上 6V 电源，万用表测得的升压效果如图 14-4-3 所示。

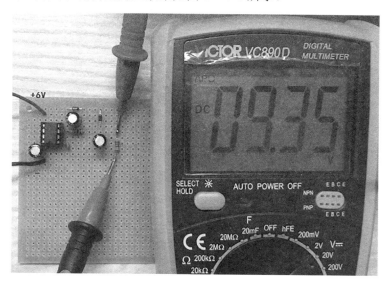

图 14-4-3　电路升压效果

★ 知识问答

1．如何实现更高电压的直流升压？

答：一种方法是用多级电容充放电升压，另一种方法是用升压变压器。若要同时增加电路的带负载能力，振荡电路输出级可以用大功率场效应管推动。

2．电路中 C_2 为什么容量这么小？

答：这是为了提高电路的振荡频率，以增强电路输出的稳定性。

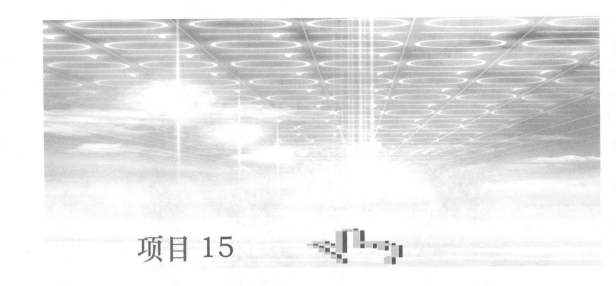

项目 15

大功率直流负载的开关控制

任务 1 水敏感应电动机控制电路的制作

★ 任务目标

1. 掌握 N 沟道增强型绝缘栅场效应管的外特性。
2. 学习用场效应管实现大电流控制。

★ 任务描述

图 15-1-1 所示为水敏感应电动机控制电路,当两条探针接触到水面时,电动机能自动运行,请在电路板上完成该电路的制作。

★ 知识准备

1. N 沟道增强型绝缘栅场效应管简介

N 沟道增强型绝缘栅场效应管是一种用输入电压控制输出电流的半导体器件。

如图 15-1-2 所示,N 沟道增强型绝缘栅场效应管的外特性与 NPN 型三极管比较相似,它的源极 S、栅极 G、漏极 D 分别对应三极管的发射极 E、基极 B、集电极 C，而且其作用相似。

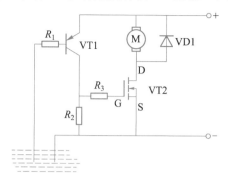

图 15-1-1　水敏感应电动机控制电路

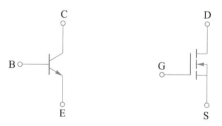

(a) NPN 型三极管图形符号　　(b) N 沟道增强型场效应管图形符号

图 15-1-2　NPN 型三极管与 N 沟道增强型绝缘栅场效应管图形符号

当 $U_{GS}=0$ V 时，在 D、S 之间加上电压，不会在 D、S 间形成电流。当栅极加有电压时，$U_{GS}>U_{GS(th)}$ 后会出现漏极电流。

2．增强型绝缘栅场效应管的主要参数

（1）开启电压 $U_{GS(th)}$

当 D 极与 S 极之间加上一定电压后，能让电流通过 D 极与 S 极形成通路，所需要的电压 U_{GS} 就是开启电压。如 75N75 场效应管的开启电压约为 4V。

（2）漏源最大电流 I_{DM}

它是指场效应管漏源极允许通过的最大电流。

（3）漏源击穿电压 $U_{(BR)DS}$

在增大漏源电压的过程中，使 I_D 开始剧增的 U_{DS} 值，称为漏源击穿电压。该电压确定了场效应管的使用电压。

3．场效应管开关电路的典型接法

图 15-1-3 所示为 NPN 型三极管开关电路与 N 沟道增强型场效应管开关电路的典型接法。

4．场效应管的特点

与三极管相比，场效应管具有以下特点：

（1）场效应管是电压控制器件，它通过 U_{GS} 来控制 I_D，因此其输入电阻很高。

（2）它是利用多数载流子导电，因此其温度稳定性较好，漏源极允许通过的最大电流大，容易实现大功率负载的控制。

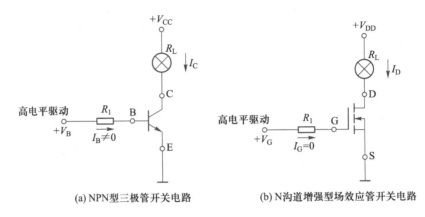

(a) NPN型三极管开关电路　　　(b) N沟道增强型场效应管开关电路

图 15-1-3　开关电路接法比较

★ 任务分析

该电路是一个触水启动的电动机控制电路，可用在自动感应潜水泵上。

当探针离开水面时，三极管 VT1 因无基极电流而截止，场效应管栅源电压 $U_{GS}=0$ V，处于截止状态，$I_{DS}=0$，电动机断电停止。

当两个探针同时接触水面时，三极管 VT1 导通，场效应管栅源电压 $U_{GS}>U_{GS(th)}$，处于饱和导通状态（相当于开关接通），电动机得电运行。

一般来说，场效应管能够承载的电流很大，非常适合于控制大电流的负载。如 75N75 的标称耐压为 75V，可承载的电流达 75A。

★ 任务实施

由于该电路承载的电流很大，功率元件的发热较多，实际使用时常需加装散热片，同时在测试时也应注意直流电源的承载能力。

★ 知识问答

1. 图 15-1-1 中 VT2 为什么不用三极管，而用 N 沟道增强型绝缘栅场效应管？

答：因为相对于三极管开关电路，N 沟道增强型绝缘栅场效应管能够控制的电流大得多，它不仅可替代三极管，多数情况下可以替代继电器，并且其实际效果比继电器更好。

2. 图 15-1-1 中的二极管 VD1 有什么用？

答：当场效应管切断电路后，流过电动机的电流可通过二极管 VD1 构成回路，防止因电动机自感高压而击穿场效应管。

3. 图 15-1-1 中 R_2 的作用是什么？

答：保证探针离水后，加在场效应管上的控制电压为零；探针都接触水后，有足够控制电压加在场效应管上。

★ 知识拓展

P 沟道增强型场效应管

如图 15-1-4 所示，P 沟道增强型场效应管的外特性与 PNP 型三极管比较相似，它的源极 S、栅极 G、漏极 D 分别对应于 PNP 型三极管的发射极 E、基极 B、集电极 C，它们的作用相似。

当 $U_{SG}=0$ V 时，在 S、D 之间加上电压，不会在 S、D 间形成电流。 当栅极加有电压时，$U_{SG}>U_{SG(th)}$ 后会出现漏极电流。

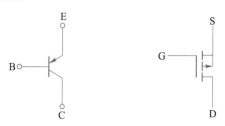

(a) PNP型三极管图形符号　　　　(b) P沟道增强型场效应管图形符号

图 15-1-4　PNP 型三极管与 P 沟道增强型场效应管图形符号

图 15-1-5 所示是 PNP 型三极管与 P 沟道增强型场效应管开关电路的典型接法。

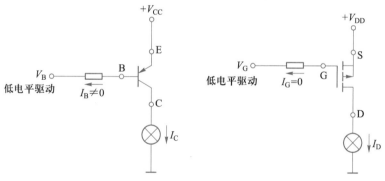

(a) PNP型三极管开关电路　　　　(b) P沟道增强型场效应管开关电路

图 15-1-5　开关电路接法比较

任务 2　电动机转速控制电路

★ 任务目标

1. 掌握 555 时基电路的应用方法。
2. 掌握电动机功率与控制波形的关系。

3．模拟用场效应管实现大功率负载控制。

★ 任务描述

如图 15-2-1 所示，这是一个电动机转速控制的电路，请在电路板上完成电路的制作。

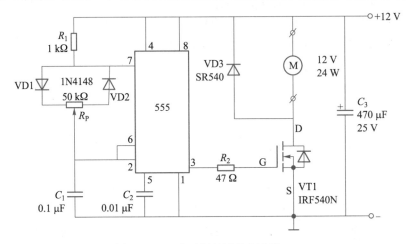

图 15-2-1 电动机转速控制电路

★ 任务分析

这是一个类似于电动自行车车速控制的电路，555 集成块构成一个多谐振荡器，3 脚输出高电平时，场效应管 VT1 导通，电动机通电，转速上升，3 脚输出低电平时，场效应管 VT1 截止，电动机通过续流二极管 VD3 构成电流回路，电流不断下降，电动机转速下降。实际上由于 3 脚输出的矩形波频率较高，故在电位器触点位置不变时，电动机的转速稳定。

若电位器 R_P 滑动端左移，则电容 C_1 充电速度加快，放电速度变慢，555 集成块 3 脚输出的矩形波低电平时间比例增加，场效应管 VT1 的导通时间比例减小，电动机的平均通电时间缩短，使得功率减小，转速降低。反之，则电动机转速加快。

图中的二极管 VD3 是电动机的续流二极管，在场效应管截止时为电动机提供电流通路，这样既实现了场效应管保护，也使电动机转动平稳。

★ 任务实施

1．电路布局布线

图 15-2-2 所示为电动机转速控制电路的布局布线图，需注意电动机并未直接装在电路板上，而是通过导线接到电路板上。

2．电路安装

注意场效应管 IRF540N 的引脚排列，依次为 G、D、S。实际电路中必须考虑大电流通过处线路板铜箔的承载能力，必要时设计线路板可考虑铜箔上锡处理。电路焊接时，有些元器件的价格较高，需考虑到元器件的重复使用，不能随意浪费。

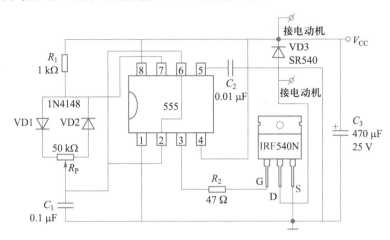

图 15-2-2 电动机转速控制电路布局布线图

3. 电路功能测试

电路实物如图 15-2-3 所示，接上 12V 直流电源，调节电位器 R_P，将看到电动机转速发生明显变化。

图 15-2-3 电动机转速控制电路实物图

★ 知识问答

1. 若增大电容 C_1，电路会出现什么情况？

答：增大电容 C_1，将使振荡电路的振荡频率降低，若频率过低，可能出现电动机转速不稳的情况，严重时会出现电动机时转时停的现象。

　　2. 图 15-2-1 中，电位器 R_P 有什么作用？

　　答：电位器的作用是通过改变电容的充电、放电速度，从而改变输出矩形波的高低电平占比（占空比）。如 R_P 滑动端右移，则电容充电速度变慢，放电速度变快，3 脚输出高电平占比上升，电动机转速变快。

　　3. 电阻 R_2 有什么作用？

　　答：R_2 起电路保护作用。虽然场效应管是电压控制器件，没有栅极（控制极）电流，但实际使用时不接电阻容易损坏场效应管。

　　4. 若不接 VD3，会有什么后果？

　　答：若不接 VD3，不仅电动机转速不稳，电磁噪声大，还极易使场效应管击穿损坏。

★　知识拓展

大电流负载的并联驱动

　　在有些大功率负载场合，单个场效应管不足以驱动负载，此时可以考虑多个管子并联来解决，如图 15-2-4 所示。这时需在每个场效应管上串联一个阻值很小的电阻，以保证每个管子上分得的电流基本一致。

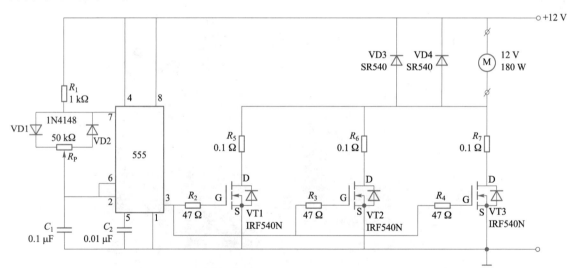

图 15-2-4　大电流负载的并联驱动

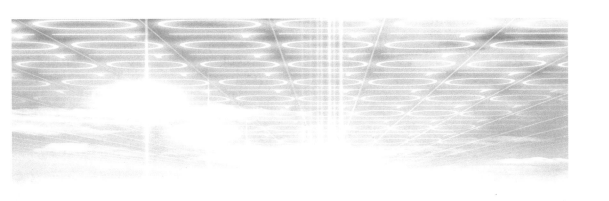

项目 16

逻辑门电路

任务　与门电路的制作与测试

★ 任务目标

学会与门电路的制作与测试。

★ 任务描述

完成图 16-1-1 所示与门电路的制作，并测试其逻辑功能。

★ 任务分析

与门电路的真值表见表 16-1-1，三个输入 A、B、C 有一个为 0，输出即为 0，当 A、B、C 全为 1 时，输出才为 1。

与门电路原理图如图 16-1-2 所示，电路中可简单地分成三个部分：输入与指示电路、与门电路、输出指示电路。

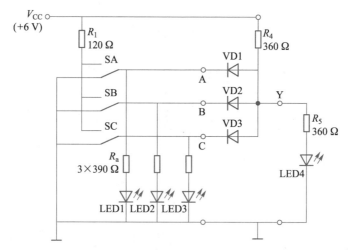

图 16-1-1 与门电路

表 16-1-1 与门电路真值表

A	B	C	Y
0	0	0	0
0	0	1	0
0	1	0	0
0	1	1	0
1	0	0	0
1	0	1	0
1	1	0	0
1	1	1	1

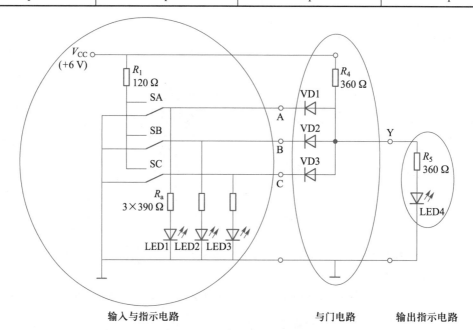

图 16-1-2 与门电路原理图

（1）输入与指示电路

如图 16-1-3 所示，SA、SB、SC 为信号输入开关，当开关置于上方时，对应的 LED 发光，代表该路输入高电平。电路中 R_1 为限流电阻，防止开关接错而造成短路。

图 16-1-3 所示为有自锁的按钮开关，当按钮处于低位时 2 脚与 3 脚接通。

挡位\引脚	1	2	3
高位	●		●
低位		●	●

图 16-1-3　按钮开关

（2）与门及输出指示电路

如图 16-1-2 所示，A、B、C 为与门电路的信号输入端，Y 为信号输出端，当输入 A、B、C 都为高电平时输出 Y 也为高电平，LED4 发光，若其中有一个端子输入低电平，则输出就为低电平，LED4 不发光。

★ **任务实施**

1．元器件选择、电路布局布线及安装

图 16-1-4 所示为与门电路布局布线图。注意，本书所有安装图都是元件面视图。

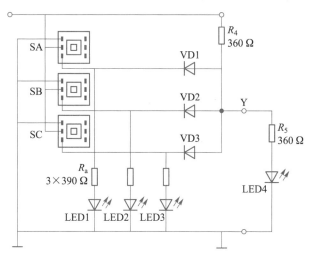

图 16-1-4　与门电路布局布线图

2．电路功能测试

电路安装完成，在确认装接正确，无短路等故障后接通电源，并对应真值表的输入，使

LED1、LED2、LED3 发光情况形成不同的组合，观察 LED4 的发光情况。如图 16-1-5 所示，只要有一个输入不是高电平，LED4 就不发光。

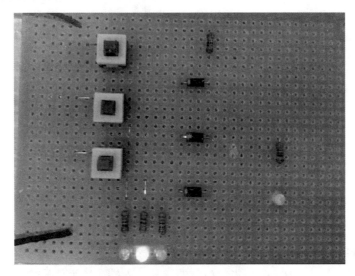

图 16-1-5 有一个输入不是高电平，LED4 就不发光

如图 16-1-6 所示，只有当输入对应的 3 个发光二极管都发光时，LED4 才发光。

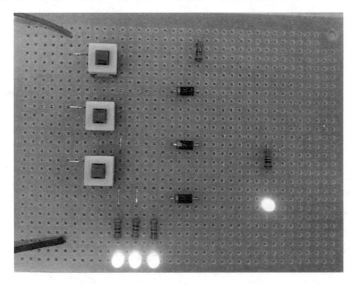

图 16-1-6 输入都为高电平时，LED4 发光

★ 知识问答

1. 若按下 SA 至低位，则 LED1 是否发光？
答：按下 SA 至低位时，按钮开关 2 脚与 3 脚接通，输入为高电平 1，则 LED1 发光。

2．要使 LED4 发光，需要什么条件？

答：要同时按下 SA、SB、SC，只有当 3 个输入端都为高电平时，输出才为高电平，LED4 才会发光。

3．图 16-1-7 所示电路，要使输出 $Y=1$，需要什么条件？

答：只要 A、B、C 三端中任意一个或以上输入高电平，输出 Y 即为高电平，故构成的是或门电路。

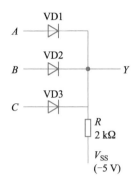

图 16-1-7　或门电路

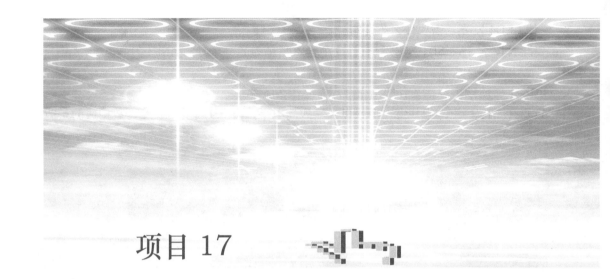

项目 17

组合逻辑电路的设计

任务 1　三人裁判电路

★ 任务目标

掌握组合逻辑电路的设计方法及具体电路的安装。

★ 任务描述

有 A、B、C 三个举重裁判对运动员成绩判决，其中 A 为主裁，具有否决权。当两个以上裁判认可时（必须含有主裁），运动员成绩有效，用与非门实现。

★ 任务分析

（1）根据设计要求，列出真值表。

设 A、B、C 三个裁判对运动员成绩进行判决，同意用 1 表示，不同意用 0 表示。Y 为表决结果，同意用 1 表示，不同意用 0 表示，同时还应考虑 A 为主裁，具有否决权。表 17-1-1 为三人裁判真值表。

表 17-1-1 三人裁判真值表

A	B	C	Y
0	0	0	0
0	0	1	0
0	1	0	0
0	1	1	0
1	0	0	0
1	0	1	1
1	1	0	1
1	1	1	1

（2）由真值表写出逻辑表达式 $Y=A\overline{B}C+AB\overline{C}+ABC$。

（3）化简逻辑表达式，得 $Y=AB+AC$，考虑要用与非门实现，可变换为与非表达式 $Y=\overline{\overline{AB}\cdot\overline{AC}}$。

（4）根据输出逻辑函数画逻辑图，如图 17-1-1 所示。

图 17-1-2 所示是装了开关与指示灯的三人裁判逻辑图。

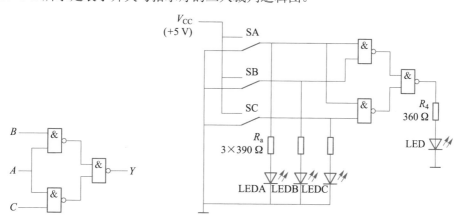

图 17-1-1 三人裁判逻辑图　　图 17-1-2 装了开关与指示灯的三人裁判逻辑图

（5）根据逻辑图设计电路。

本电路用到一个集成与非门 74LS00，内部有四个 2 输入端与非门，其实物及各引脚功能如图 17-1-3 所示。

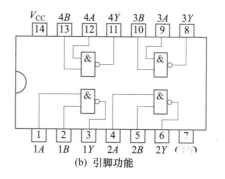

(a) 实物图　　　　　　(b) 引脚功能

图 17-1-3 74LS00 集成与非门

★ 任务实施

1. 元器件选择、电路布局布线及安装

图 17-1-4 所示为三人裁判电路布局布线图。注意，实际电路中，为使集成与非门能正常工作，必须给它供电，只是逻辑图中省略不画。

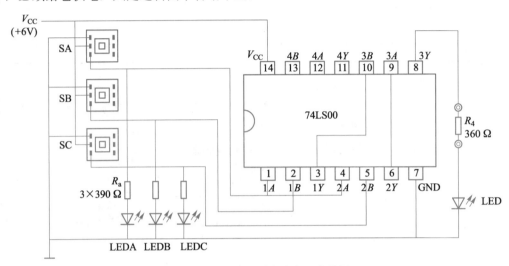

图 17-1-4 三人裁判电路布局布线图

从电路布局图可以发现，有几条线是重叠的，为了走线不杂乱，可适当跳线，跳线方法是把要跳的短路线当作阻值为 0 的电阻焊接上去。

2. 电路功能测试

如图 17-1-5 所示，三个开关分别模拟三个裁判的判断，观察发光二极管的发光情况是否和真值表相符。

图 17-1-5 A、B 两个裁判同意时，输出为 1

★　知识问答

1. 如图 17-1-2 所示，正常情况下，当 LEDA、LEDB 发光时，代表输出 Y 的 LED 是否发光？

答：当 LEDA、LEDB 发光时，代表按钮开关 SA、SB 已经被按下，即主裁判 A 及另一裁判 B 已经同意，输入 A、B 均为高电平 1，故根据电路逻辑，代表输出 Y 的 LED 发光。

2. 当接通电源，按下 SA 时，发现 LEDA 不亮，如何检查？

答：除 LEDA 接反、虚焊等情况外，最大可能是按钮开关接法错误，可特别对照接线图检查。当然也有可能是输入端与地短路，可用万用表电压挡测各点电位检查。

任务 2　编码电路的安装与调试

★　任务目标

1. 了解编码器的编码原理，认识典型的编码电路。
2. 能够利用 74LS147 制作二-十进制编码器。

★　任务描述

利用 74LS147 制作图 17-2-1 所示二-十进制编码电路。

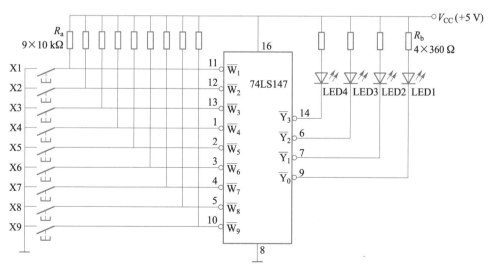

图 17-2-1　二-十进制编码电路

★ 任务分析

1．编码器

所谓编码就是用二进制代码表示特定对象的过程，能够实现编码功能的数字电路称为编码器。例如，常用的计算机键盘下面就连接着编码器，每按下一个键，编码器就产生一个二进制代码。

一般 n 位二进制代码最多可将 2^n 个特定对象进行编码。例如，8 线-3 线编码器其 3 位二进制代码可将 8 个对象进行编码。

特别要注意的是看起来编码器有多个输入端，但为实现正确编码，任何时刻只能有一个输入端有效，若出现两个输入端同时有效的情况，则必定出现乱码。

2．二进制编码器

将 2^n 个特定对象编制成 n 位二进制代码的一种组合逻辑电路，称为二进制编码器，如图 17-2-2 所示。常见的二进制编码器有 4 线-2 线编码器、8 线-3 线编码器、16 线-4 线编码器等。

3．二-十进制编码器

如图 17-2-3 所示，它是将十进制数 0～9 十个数字用一组 4 位二进制代码(BCD 码)表示。

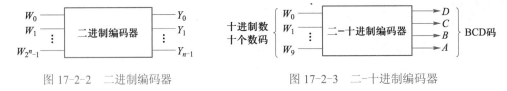

图 17-2-2　二进制编码器　　　　　　　图 17-2-3　二-十进制编码器

4．优先编码器

为实现正确编码，任何时刻只能有一个输入端有效，但如果同时输入两个或两个以上的输入信号，这种编码器只对其中优先权最高的待编码对象实施编码。编码对象的优先权高低在设计时预先规定。

5．优先编码器 74LS147 简介

图 17-2-4 所示为 74LS147 的引脚排列，其中第 16 脚接电源，8 脚接地，15 脚为 NC（空引脚）。

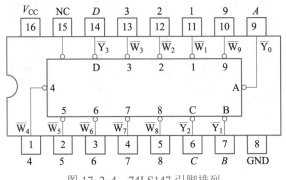

图 17-2-4　74LS147 引脚排列

74LS147 优先编码器采用大数优先的原则，即 $\overline{W_9}$ 优先权最高，$\overline{W_0}$ 优先权最低。实际只有 9 个输入端，分别是 $\overline{W_1} \sim \overline{W_9}$，省略 $\overline{W_0}$。

74LS147 优先编码器的输入端和输出端都是低电平有效，0 表示输入，1 表示无输入。即当某一个输入端为低电平 0 时，代表输入某一个十进制数。当 9 个输入全为 1 时，代表输入的是十进制数 0（相当于 $\overline{W_0}$ 有效）。

74LS147 优先编码器的 4 个输出端也以低电平有效的方式输出其对应的 8421 BCD 编码，表 17-2-1 为其真值表。

表 17-2-1　74LS147 优先编码器真值表

编码输入										BCD 码输出			
$\overline{W_9}$	$\overline{W_8}$	$\overline{W_7}$	$\overline{W_6}$	$\overline{W_5}$	$\overline{W_4}$	$\overline{W_3}$	$\overline{W_2}$	$\overline{W_1}$	$\overline{W_0}$	$\overline{Y_3}$	$\overline{Y_2}$	$\overline{Y_1}$	$\overline{Y_0}$
1	1	1	1	1	1	1	1	1	0	1	1	1	1
1	1	1	1	1	1	1	1	0	×	1	1	1	0
1	1	1	1	1	1	1	0	×	×	1	1	0	1
1	1	1	1	1	1	0	×	×	×	1	1	0	0
1	1	1	1	1	0	×	×	×	×	1	0	1	1
1	1	1	1	0	×	×	×	×	×	1	0	1	0
1	1	1	0	×	×	×	×	×	×	1	0	0	1
1	1	0	×	×	×	×	×	×	×	1	0	0	0
1	0	×	×	×	×	×	×	×	×	0	1	1	1
0	×	×	×	×	×	×	×	×	×	0	1	1	0

如按下按键 6，对应的 $\overline{W_6}$ 线输入 0，编码器的输出 $\overline{Y_3}\,\overline{Y_2}\,\overline{Y_1}\,\overline{Y_0}$ =1001。若同时按下按键 6 和按键 2，即 $\overline{W_6}$ 线、$\overline{W_2}$ 线输入都为 0 时，$\overline{W_6}$ 线优先，编码器输出还是 1001。

有兴趣的同学可以了解 4 路输出的逻辑函数表达式及编码器内部逻辑电路图：

$$\overline{\overline{Y_3}} = \overline{W_9}\,\overline{W_8} + \overline{\overline{W_9}} = W_9 + W_8,\quad \overline{Y_3} = \overline{W_8 + W_9}$$

$$\overline{Y_2} = \overline{\overline{W_9}\,\overline{W_8}(W_4 + W_5 + W_6 + W_7)} = \overline{\overline{(W_9 W_8)}W_4 + \overline{W_9}\,\overline{W_8}W_5 + \overline{W_9}\,\overline{W_8}W_6 + \overline{W_9}\,\overline{W_8}W_7}$$

$$\overline{Y_1} = \overline{\overline{(W_9 W_8)}(\overline{W_5}\,\overline{W_4}W_3 + \overline{W_5}\,\overline{W_4}W_2 + W_7 + W_6)}$$

$$\overline{Y_0} = \overline{\overline{W_9}\,\overline{W_8}(W_7 + \overline{W_6}W_5 + \overline{W_6}\,\overline{W_4}W_3 + \overline{W_6}\,\overline{W_4}\,\overline{W_2}W_1) + W_9}$$

由上述逻辑函数画出的逻辑电路如图 17-2-5 所示，它是 10 线-4 线的集成二-十进制优先编码器内部逻辑电路图。

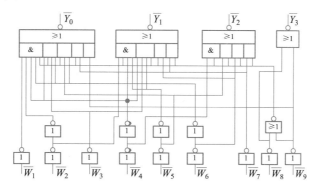

图 17-2-5　4 路输出编码器内部逻辑电路

★ 任务实施

1. 元器件选择、电路布局布线及安装

图 17-2-6 所示为二-十进制编码器电路布局布线图，注意，74LS147 输出低电平时，发光二极管发光。

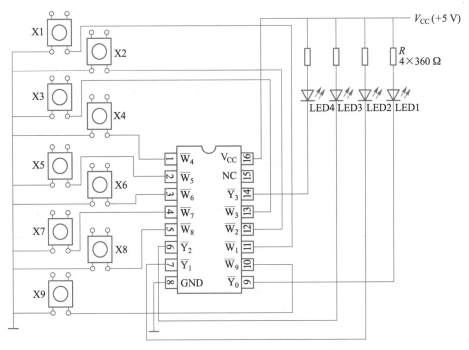

图 17-2-6　二-十进制编码器电路布局布线图

2. 电路功能测试

确认电路装接正确，无短路、虚焊、粘连等故障后，可通电试验。正常情况是哪个按钮都不按时，四个发光二极管都不亮。如按下按键 X5，对应的 $\overline{W_5}$ 线输入 0，编码器的输出 $\overline{Y_3}\ \overline{Y_2}\ \overline{Y_1}\ \overline{Y_0}$ = 0101，发光二极管 LED4、LED3、LED2、LED1 发光情况为亮灭亮灭。若同时按下按键 X5 和按键 X2，则 X5 优先，发光二极管 LED4、LED3、LED2、LED1 发光情况不变，如图 17-2-7 所示。

★ 知识问答

1. 若输入端按钮一个也没按下，则发光二极管 LED4、LED3、LED2、LED1 发光情况怎样？

答：电路中输入按钮只有 X1～X9 共计 9 个，输入端按钮一个也没按下，代表的是输入 X0，故电路的输出 $\overline{Y_3}\ \overline{Y_2}\ \overline{Y_1}\ \overline{Y_0}$ =1111，二极管 LED4、LED3、LED2、LED1 都不发光。

2. 若同时按下按键 X9 与 X1，则发光二极管 LED4、LED3、LED2、LED1 发光情况如何？

答：这是一优先编码器，其中 X9 线对应的优先级别最高，故 74LS147 的输出 $\overline{Y_3}\,\overline{Y_2}\,\overline{Y_1}\,\overline{Y_0}$ =0110，发光二极管 LED4、LED3、LED2、LED1 为亮灭灭亮。

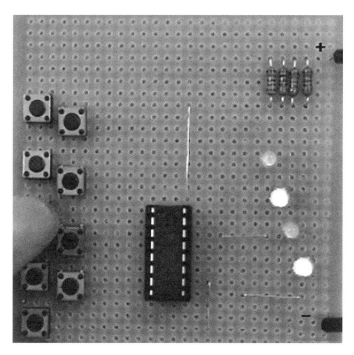

图 17-2-7 二-十进制编码器电路实物图

任务 3 3 线-8 线译码电路的制作与调试

★ 任务目标

1．了解译码的含义、译码器的译码原理，认识典型的译码电路。
2．能够利用 74LS138 制作 3 线-8 线译码电路。

★ 任务描述

利用 74LS138 制作图 17-3-1 所示 3 线-8 线译码电路。

★ 任务分析

译码是编码的逆过程，其功能是将具有特定含义的二进制码进行辨别，并转换成控制信号，具有译码功能的逻辑电路称为译码器。

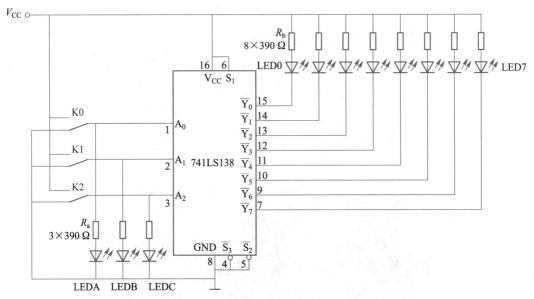

图 17-3-1 用 74LS138 制作的 3 线-8 线译码电路

译码器可分为两种类型,一种是将一系列代码转换成与之一一对应的有效信号,如通用译码器。另一种是将一种代码转换成另一种代码,所以也称代码变换器,如数字显示译码器。有一些译码器设有一个或多个使能控制输入端,又称为片选端,用来控制允许译码或禁止译码。

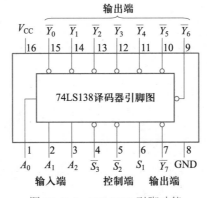

图 17-3-2 74LS138 引脚功能

74LS138 的引脚功能如图 17-3-2 所示,它是一种 3 线-8 线译码器,三个输入端 A_2、A_1、A_0,其中 A_2 是高位,三个输入共有 8 种状态组合(000~111),可译出 8 个输出信号 $\overline{Y_0}$ ~ $\overline{Y_7}$。这种译码器设有三个使能输入端,当 $\overline{S_2}$、$\overline{S_3}$ 均为 0,且 S_1 为 1 时,译码器处于工作状态。当译码器被禁止时,所有输出都为高电平。

看引脚示意图时要注意各引脚的含义,如三个使能输入端,S_1、$\overline{S_2}$、$\overline{S_3}$ 为三个端子的名称,只是命名时加了一些分类,如 S_1 为高电平有效,$\overline{S_2}$、$\overline{S_3}$ 为低电平有效。即当 S_1 为 1,且 $\overline{S_2}$、$\overline{S_3}$ 均为 0 时,译码器处于工作状态。

同理，输出端 $\overline{Y_0} \sim \overline{Y_7}$ 也只是各端子的名称，只是命名时特意说明输出是低电平有效。74LS138 译码器真值表见表 17-3-1。

表 17-3-1　74LS138 译码器真值表

输入					输出							
S_1	$\overline{S_2}+\overline{S_3}$	A_2	A_1	A_0	$\overline{Y_0}$	$\overline{Y_1}$	$\overline{Y_2}$	$\overline{Y_3}$	$\overline{Y_4}$	$\overline{Y_5}$	$\overline{Y_6}$	$\overline{Y_7}$
0	×	×	×	×	1	1	1	1	1	1	1	1
×	1	×	×	×	1	1	1	1	1	1	1	1
1	0	0	0	0	0	1	1	1	1	1	1	1
1	0	0	0	1	1	0	1	1	1	1	1	1
1	0	0	1	0	1	1	0	1	1	1	1	1
1	0	0	1	1	1	1	1	0	1	1	1	1
1	0	1	0	0	1	1	1	1	0	1	1	1
1	0	1	0	1	1	1	1	1	1	0	1	1
1	0	1	1	0	1	1	1	1	1	1	0	1
1	0	1	1	1	1	1	1	1	1	1	1	0

图 17-3-3 所示为 74LS138 译码器内部逻辑电路图，有兴趣的同学可以了解一下。

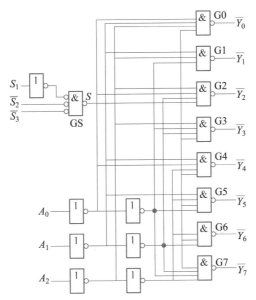

图 17-3-3　74LS138 译码器内部逻辑电路图

★ 任务实施

1. 元器件选择、电路布局布线及安装

图 17-3-4 所示为 3 线-8 线译码器布局布线图。注意，为使译码器处于工作状态，故需 S_1 接 1，且 $\overline{S_2}$、$\overline{S_3}$ 接 0。

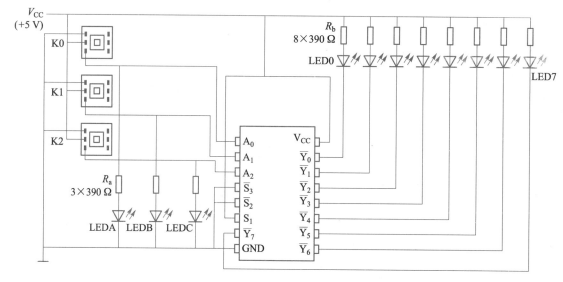

图 17-3-4　3 线-8 线译码器布局布线图

2. 电路功能测试

确认电路装接正确，无短路、虚焊、粘连等故障后，可通电试验。针对不同的输入组合，输出将有一个特定对应的二极管发光。当输入端 A_2、A_1、A_0 为 000 时，LED0 发光，如图 17-3-5 所示；输入 101 时，LED5 发光，如图 17-3-6 所示。

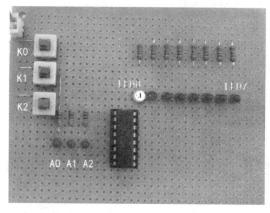

图 17-3-5　输入 000 时，LED0 发光

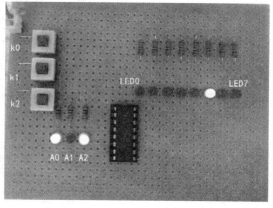

图 17-3-6　输入 101 时，LED5 发光

★ 知识问答

1. 当 3 线-8 线译码器输入不同的组合时，输出端有几个发光二极管发光？

答：无论输入端为哪种组合，输出端只有一个发光二极管发光，只是针对输入的不同组合，发光的位置不同，这就体现了译码的意义。

2. 74LS138 译码器为什么采用低电平有效方式输出？

答：一般集成电路的输出方式中，低电平驱动负载的能力较强。如 74LS138 译码器 $\overline{Y_0}$（15

脚）输出低电平时，LED0 发光，此时允许适当大一点的电流流入 15 脚。但如果采用高电平输出，允许输出的电流就小得多，有些负载可能带不动。

3. 当输入指示二极管 LEDC、LEDB、LEDA 为亮、亮、灭时，输出端发光二极管的发光情况怎样？

答：当输入指示二极管 LEDC、LEDB、LEDA 为亮、亮、灭时，代表输入的为 110，故对应的 LED6 发光。

任务 4　译码显示电路的安装与调试

★ 任务目标

1. 掌握数码显示器的两种形式。
2. 了解七段数字译码器 CD4511 各引脚的功能。
3. 学会利用集成译码器 CD4511、数码管等制作译码显示电路。

★ 任务描述

利用译码器 CD4511 制作图 17-4-1 所示七段译码显示电路。

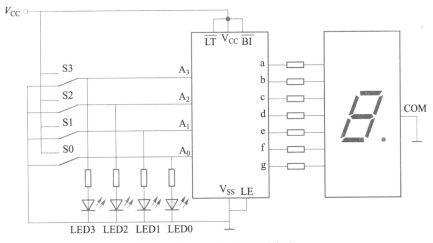

图 17-4-1　七段译码显示电路

★ 任务分析

1. 分段式显示器

如图 17-4-2 所示，分段式显示器（LED 数码管）由 7 个发光二极管围成"🔲"形，加上小数点共 8 个发光管，分别用 a、b、c、d、e、f、g、dp 表示。当数码管特定的段加上电压后，这些特定的段就会发亮，以形成我们眼睛看到的字样。

图 17-4-2　分段式显示器

　　只要按规律控制各发光段的亮灭，分段式显示器就可以显示各种字形或符号。例如，当 a、b、e、d、g 段发光二极管发光时，就显示数字图形 "2"。

　　数码管根据 LED 的接法不同分为共阴极和共阳极两类。发光二极管的阳极连接到一起的称为共阳极数码管，由低电平驱动。发光二极管的阴极连接到一起的称为共阴极数码管，由高电平驱动。

　　图 17-4-3 所示为常见共阴极数码管的引脚排列，不同型号的数码管，其引脚排列也有所不同，具体可查其相关型号资料。

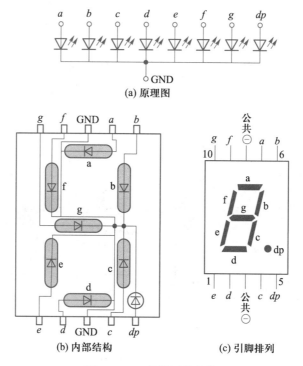

图 17-4-3　共阴极数码管

图 17-4-4 所示为常见 2 位共阳极数码管的引脚排列及内部接线，注意应采用高电平驱动。

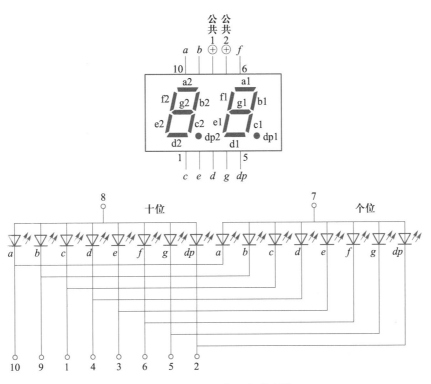

图 17-4-4　2 位共阳极数码管

2．七段数字译码器

CD4511 是一片具有 BCD 转换、消隐和锁存控制、七段译码及驱动功能的 CMOS 芯片，能提供较大的拉电流，可直接驱动共阴极 LED 数码管，其引脚排列如图 17-4-5 所示。

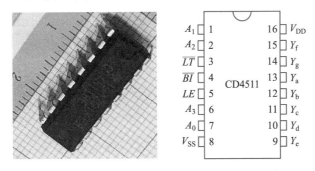

图 17-4-5　CD4511 引脚排列

（1）A_3、A_2、A_1、A_0 为 BCD 码输入端，A_0 为最低位。Y_a、Y_b、Y_c、Y_d、Y_e、Y_f、Y_g 是 7 段输出，可驱动共阴极 LED 数码管。

（2）$\overline{LT}$ 为灯测试输入端，加低电平时，各笔段都被点亮，显示器一直显示数码"8"，以检查显示器是否有故障。

（3）$\overline{BI}$ 为消隐功能端，低电平时使所有笔段均消隐。另外，CD4511 有拒绝伪码的特点，当输入数据超过十进制数 9(1001)时，显示字形自行消隐。

（4）*LE* 是锁存控制端，高电平时锁存，低电平时传输数据。

另外，CD4511 显示十进制数 6 时，*a* 段消隐；显示十进制数 9 时，*d* 段消隐。

从表 17-4-1 所示真值表可看出，七段数字译码器 CD4511 已不是简单的组合逻辑电路，而是具有锁存功能的时序逻辑电路。

表 17-4-1　七段数字译码器 CD4511 真值表

输入							输出							
LE	$\overline{BI}$	$\overline{LT}$	A_3	A_2	A_1	A_0	Y_a	Y_b	Y_c	Y_d	Y_e	Y_f	Y_g	显示字形
×	×	0	×	×	×	×	1	1	1	1	1	1	1	8
×	0	1	×	×	×	×	0	0	0	0	0	0	0	消隐
0	1	1	0	0	0	0	1	1	1	1	1	1	0	0
0	1	1	0	0	0	1	0	1	1	0	0	0	0	1
0	1	1	0	0	1	0	1	1	0	1	1	0	1	2
0	1	1	0	0	1	1	1	1	1	1	0	0	1	3
0	1	1	0	1	0	0	0	1	1	0	0	1	1	4
0	1	1	0	1	0	1	1	0	1	1	0	1	1	5
0	1	1	0	1	1	0	0	0	1	1	1	1	1	6
0	1	1	0	1	1	1	1	1	1	0	0	0	0	7
0	1	1	1	0	0	0	1	1	1	1	1	1	1	8
0	1	1	1	0	0	1	1	1	1	0	0	1	1	9
0	1	1	1	0	1	0	0	0	0	0	0	0	0	消隐
0	1	1	1	0	1	1	0	0	0	0	0	0	0	消隐
0	1	1	1	1	0	0	0	0	0	0	0	0	0	消隐
0	1	1	1	1	0	1	0	0	0	0	0	0	0	消隐
0	1	1	1	1	1	0	0	0	0	0	0	0	0	消隐
0	1	1	1	1	1	1	0	0	0	0	0	0	0	消隐
1	1	1	×	×	×	×	锁存							锁存

★ 任务实施

1．元器件选择、电路布局布线及安装

如图 17-4-6 所示，为使电路处于译码状态，需消隐端 $\overline{BI}$、测试输入端 $\overline{LT}$、锁存控制端 *LE* 都处于无效状态，故 $\overline{BI}$、$\overline{LT}$ 接高电平，*LE* 接低电平。

由于 CD4511 采用高电平有效输出，故显示器采用共阴极 LED 数码管。

2．电路功能测试

电路功能正常时，S3、S2、S1、S0 的不同组合可由发光二极管的发光情况来判断，对于不同的二进制数组合，显示器应能显示 0～9 不同的数字，如图 17-4-7 所示。对于超出 1001 的组合，显示器应处于消隐状态，如图 17-4-8 所示。

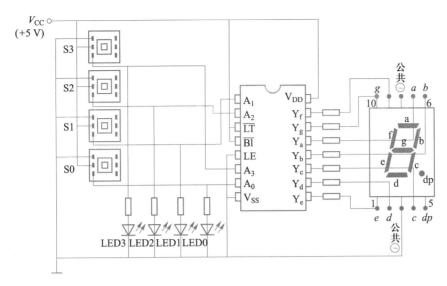

图 17-4-6　七段译码显示器电路布局布线图

图 17-4-7　输入 1001 时显示 9

图 17-4-8　输入 1011 时消隐

★ 知识问答

1．电路采用的数码管是哪种类型？为什么？

答：CD4011 采用的是高电平有效的输出形式，故对应的显示器应采用共阴极数码管。

2．当输入二进制数 0100 时，CD4011 的哪些点输出为高电平？

答：当输入二进制数 0100 时，为使显示器显示数码 4，需点亮 b、c、f、g 四段发光二极管，故 CD4011 输出高电平的引脚是 11、12、14、15。

3．LED3、LED2、LED1、LED0 分别为亮、亮、灭、灭时，显示器的发光状态如何？

答：LED3、LED2、LED1、LED0 分别为亮、亮、灭、灭时，代表输入 1100，已超出 1001，故显示器处于消隐状态，没有数字显示。

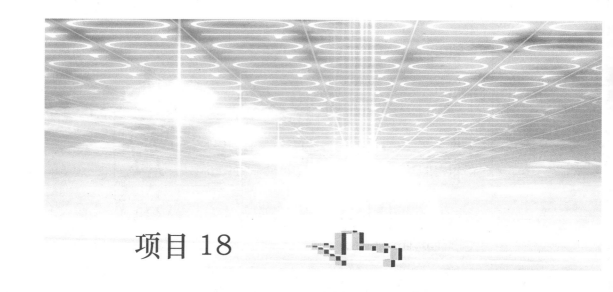

项目 18

集成触发器

任务 1　RS 触发器的制作与验证

★ 任务目标

1. 掌握 RS 触发器的逻辑功能。
2. 学会用与非门制作 RS 触发器。

★ 任务描述

用与非门制作图 18-1-1 所示的 RS 触发器，并验证其逻辑功能。

★ 任务分析

1. 基本 RS 触发器的组成与逻辑符号

如图 18-1-2 所示，由与非门组成的 RS 触发器有两个输入端，分别是 $\overline{S}$（SET）端、$\overline{R}$（RESET）端，两个输出端（Q 和 $\overline{Q}$），与非门 G1 和 G2 的组成具有对称性，G1 的输出经过 G2 传输后回送到 G1 的另一个输入端，G2 的输出经过 G1 的传输后回送到 G2 的另一个输入端，其逻辑符号如图 18-1-3 所示。

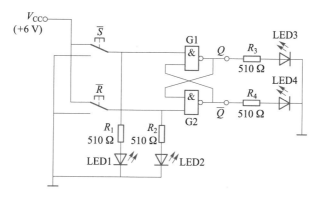

图 18-1-1 RS 触发器

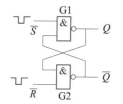

图 18-1-2 RS 触发器的逻辑电路

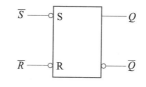

图 18-1-3 RS 触发器的逻辑符号

2. RS 触发器的制作与逻辑功能研究

为研究 RS 触发器基本特性，我们设计了图 18-1-1 所示的电路，由于电路的输出 Q 与 $\overline{Q}$ 状态正好相反，为理解方便，我们只研究输出 Q 的状态。

（1）按下按钮 $\overline{S}$（即输入 $\overline{S}$ 接低电平），与非门 G1 输入低电平，输出 Q 为高电平，同时该高电平又输送到与非门 G2 的一个输入端，由于另一端也输入高电平，故 G2 输出低电平，同时该低电平又返送到与非门 G1，使 G1 输出高电平，发光二极管 LED3 发光。此后，即使松开按钮 $\overline{S}$，由于电路正反馈的存在，输出 Q 保持高电平不变。

（2）同理，若按下按钮 $\overline{R}$，即输入 $\overline{R}$=0，则输出 Q=0，松开按钮后，输出 Q=0 保持不变。

（3）若按钮 $\overline{S}$、$\overline{R}$ 都不按，则电路的输出 Q 维持不变。即 Q 保持 0 或 1 中其中一种情况不变。这就是电路的双稳态（自锁特性）。

（4）若同时按下按钮 $\overline{S}$、$\overline{R}$，则在按着两按钮时，Q 与 $\overline{Q}$ 都为 1，这是电路的不正常状态，若同时松开按钮 $\overline{S}$、$\overline{R}$，Q 的情况将不确定。

★ **任务实施**

1. 元器件选择、电路布局布线及安装

由于基本 RS 触发器用到了两个与非门，我们选用了有四组 2 输入与非门的集成芯片

74LS00，根据这个集成芯片，电路布局布线如图 18-1-4 所示。

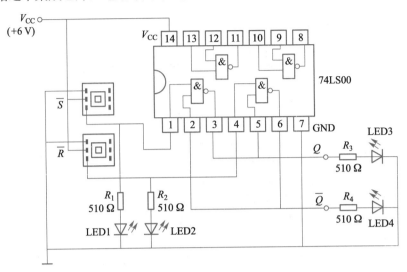

图 18-1-4 电路布局布线图

2．电路功能测试

如图 18-1-5 、图 18-1-6 所示，电路安装完成后通电测试，观察发光二极管的发光情况，是否与任务分析中描述一致。

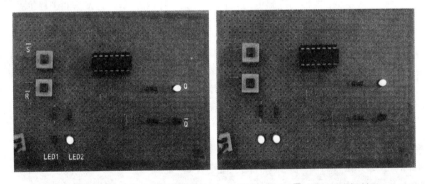

图 18-1-5 按下按钮 $\overline{S}$，输出 Q 为 1，松开按钮 $\overline{S}$，输出 Q 保持 1

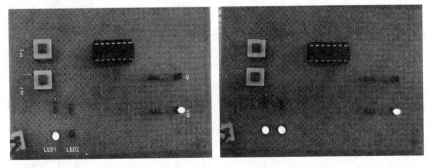

图 18-1-6 按下按钮 $\overline{R}$，输出 Q 为 0，松开按钮 $\overline{R}$，输出 Q 保持 0

★ 知识问答

1. 图中 LED1 不亮，LED2 发光，代表输入的是哪种情况？

答：LED1 不亮，LED2 发光代表输入 $\overline{S}$=0，$\overline{R}$=1，电路功能正常情况下将看到 LED3 亮，代表输出 Q=1。

2. 电路中 $\overline{S}$，$\overline{R}$ 的写法有何含义？

答：首先 $\overline{S}$、$\overline{R}$ 是对这两个端子的命名，只是在这个命名中多加了一些信息，即这两个端子的输入都是低电平有效的，即只有输入低电平时，才可能对电路的结果产生影响。平时应处于无效状态，即高电平状态。

3. 为什么说基本 *RS* 触发器具有记忆功能？

答：因为在没有信号输入（即 $\overline{S}$=1，$\overline{R}$=1）时，触发器能保持之前的状态，这个状态可能是 0，也可能是 1。如按下按钮 $\overline{S}$（信号输入），此时输入 $\overline{S}$=0，$\overline{R}$=1，触发器的输出 Q=1，接下来手松开按钮 $\overline{S}$（实际就是没信号输入），此时 $\overline{S}$=1，$\overline{R}$=1，触发器的输出状态保持之前的 1 状态。

4. 图 18-1-7 所示为某三相电动机的控制电路，试分析这个电路与 *RS* 触发器有什么相似之处？

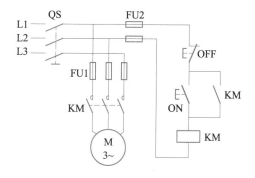

图 18-1-7　三相电动机控制电路

答：这是一个电动机的连续控制电路，当按下按钮 ON 时，电动机得电运行，即使松开后，电动机继续通电。若按下按钮 OFF，则电动机断电停止，手松开后，电动机继续断电。若同时按下按钮 ON 与 OFF，松开后电动机的状态将不确定。手没按时，电动机保持之前的状态，即原来转的继续转，原来停的继续停。如果用按钮 ON 对应按钮 $\overline{S}$，按钮 OFF 对应按钮 $\overline{R}$，则电动机的运行状态与触发器的输出 Q 完全一致。

★ 知识拓展

按键去抖动电路

图 18-1-8 所示电路中两个与非门构成一个 *RS* 触发器，当按键未按下时，输出为 1；当按

键按下时，输出为 0。此时即使由于按键的机械性能使按键因弹性抖动而产生瞬时断开，只要按键不返回原始状态 A，双稳态电路的状态不改变，输出保持为 0，就不会产生抖动的波形。也就是说，即使 B 点的电压波形是抖动的，但经双稳态电路之后，其输出也为正规的矩形波。

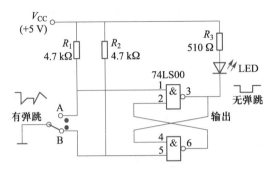

图 18-1-8 按键去抖动电路

任务 2　*JK* 触发器的功能验证

★ 任务目标

1. 掌握 *JK* 触发器的逻辑功能。
2. 了解集成 *JK* 触发器 74LS112 各引脚的功能，掌握其基本应用。

★ 任务描述

完成图 18-2-1 所示 *JK* 触发器功能验证电路的安装，并验证 *JK* 触发器的逻辑功能。

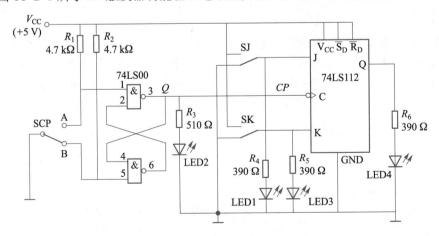

图 18-2-1　*JK* 触发器功能验证电路

★ 任务分析

1. *JK* 触发器的来源

（1）同步 *RS* 触发器

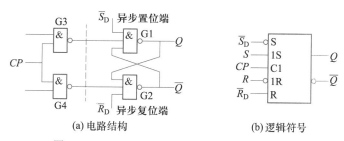

(a) 电路结构　　　　　(b) 逻辑符号

图 18-2-2　同步 *RS* 触发器电路结构与逻辑符号

如图 18-2-2 所示，在基本 *RS* 触发器的基础上增加了两个与非门，当 *CP* 为 0 时，输入端 *R*、*S* 的数据被与非门屏蔽，*Q* 端输出值保持不变，当 *CP* 高电平到来时，与非门打开，输出端 *Q* 才可能改变。

同时，触发器增加了两个控制端，$\overline{S_D}$ 端用于置位，即 $\overline{S_D}$ =0 时，*Q* 强制置 1。$\overline{R_D}$ 用于复位，即 $\overline{R_D}$ =0 时，*Q*=0。表 18-2-1 为同步 *RS* 触发器的功能表。

表 18-2-1　同步 *RS* 触发器的功能表

S	R	Q^{n+1}
0	0	Q^n
1	0	0
0	1	1
1	1	不定

（2）同步 *JK* 触发器

如图 18-2-3 所示，在同步 *RS* 触发器的基础上，增加两条反馈线至同步门的输入端。原 *S* 端命名为 *J* 端，*R* 端命名为 *K* 端，即构成同步 *JK* 触发器。

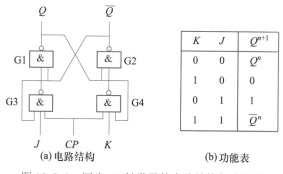

K	J	Q^{n+1}
0	0	Q^n
1	0	0
0	1	1
1	1	$\overline{Q^n}$

(a) 电路结构　　　　　(b) 功能表

图 18-2-3　同步 *JK* 触发器的电路结构与功能表

JK 触发器消除了原 *RS* 触发器输入都为 1 时的不确定状态，增加了一个新的功能——翻转。

当 J=1、K=1 时，CP 脉冲过后，输出 Q 状态与原来相反。

（3）边沿触发 JK 触发器

同步 JK 触发器在整个 CP 高电平期间都可接收输入信号，在 J=1，K=1 时，输出 Q 容易出现输出状态的连续翻转，故实际上多用上升沿或下降沿触发的边沿触发器。图 18-2-4 所示为边沿 JK 触发器的逻辑符号，其中 $\overline{S_D}$ 端用于置位，$\overline{R_D}$ 端用于复位。

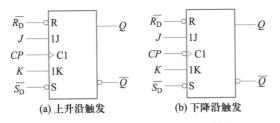

图 18-2-4　边沿 JK 触发器的逻辑符号

2. 集成 JK 触发器 74LS112

集成 JK 触发器 74LS112 为下降沿触发的 JK 触发器，16 脚与 8 脚分别接 5V 电源正负极，内部有 2 个 JK 触发器，其实物及引脚功能如图 18-2-5 所示。

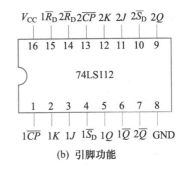

(a) 实物图　　　　　(b) 引脚功能

图 18-2-5　集成 JK 触发器 74LS112

★ 任务实施

1. 电路布局布线

任务描述中画出的是验证 JK 触发器的逻辑功能的原理图，为准确地认识 JK 触发器在什么时刻触发，特地在前半部分设计了按键去抖动电路，根据原理图，结合集成芯片引脚排列，具体布局布线如图 18-2-6 所示。

2. 元器件选择及电路安装

注意电路中的 SJ、SK 是开关，可用带锁定键的按钮替代，以实现输入 0 或 1 的稳定，SCP 为按钮，即手松开后能自动复位。如采用带锁定键的按钮替代，则应注意按两次按钮才复位。

3. 电路功能测试

如图 18-2-7 所示，测试 JK 输入不同组合时，观察电路是否在 CP 脉冲的下降沿才触发，并观察输出 Q 的情况，是否和功能表一致。

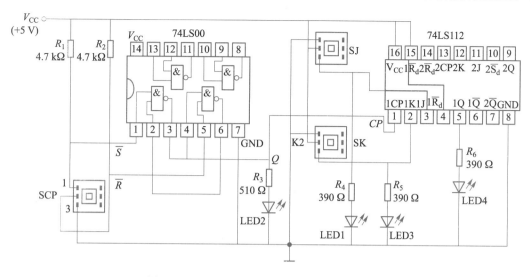

图 18-2-6　*JK* 触发器功能验证电路布局布线图

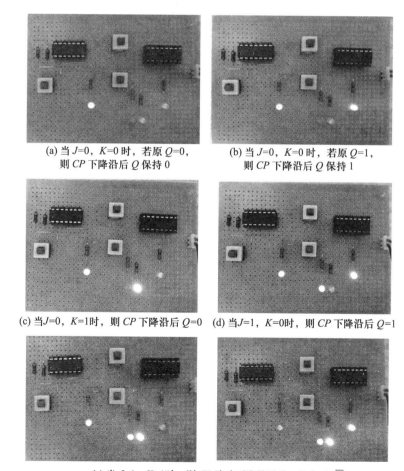

(a) 当 $J=0$，$K=0$ 时，若原 $Q=0$，则 *CP* 下降沿后 Q 保持 0

(b) 当 $J=0$，$K=0$ 时，若原 $Q=1$，则 *CP* 下降沿后 Q 保持 1

(c) 当 $J=0$，$K=1$时，则 *CP* 下降沿后 $Q=0$

(d) 当 $J=1$，$K=0$ 时，则 *CP* 下降沿后 $Q=1$

(e) 当 $J=1$，$K=1$时，则 *CP* 脉冲下降沿过后，输出 $Q=\overline{Q}$

图 18-2-7　*JK* 不同组合时，*CP* 脉冲的下降沿后输出 Q 的情况

★ 知识问答

1. 图 18-2-6 所示电路中 LED1～LED4 起什么作用？

答：用于判断各输入及 J、CP、K、输出 Q 的电平变化，LED 发光代表高电平。

2. LED2 不亮时，改变 SJ、SK 的状态，LED4 发光情况是否改变？

答：不变，因为只在 CP 脉冲的下降沿才接收触发信号。

3. LED2 发光时，改变 SJ、SK 的状态，LED4 发光情况是否改变？

答：也不变，因为只在 CP 脉冲的下降沿才接收触发信号。即在 LED2 从亮到灭的瞬间，输出端 LED4 发光情况才可能改变。

4. 要求实现 SCP 按一次（输入 CP 脉冲的下降沿），LED4 发光情况变一次，那么 LED1、LED3 发光情况如何？

答：LED1、LED3 都发光，因为此时输入 J=1，K=1。

5. 图 18-2-6 所示电路前半部分设计的按键去抖动电路，其主要目的是什么？

答：这是为了产生无杂波的 CP 脉冲，以防止连续多次的脉冲信号作用在 74LS112 的 CP 输入端，若无这部分电路，特别在验证 J=1，K=1，SCP 按一次（输入 CP 脉冲的下降沿），LED4 发光情况变一次时，将出现连续空翻，以致无法验证。

任务 3　用 D 触发器制作 LED 触摸灯

★ 任务目标

1. 掌握 D 触发器的特点。
2. 学会应用 D 触发器制作单稳态电路和双稳态电路。

★ 任务描述

用 D 触发器制作图 18-3-1 所示 LED 触摸灯。

★ 任务分析

1. D 触发器的构成

如图 18-3-2 所示，D 触发器是由 JK 触发器演变而来的，其功能是输入数据在 CP 脉冲后传至输出端。

2. CD4013 双 D 触发器

如图 18-3-3 所示，CD4013 是由两个相同而相互独立的上升沿触发 D 触发器组成，每个触发器有数据置位、复位、时钟输入、Q 及 $\overline{Q}$ 输出功能。

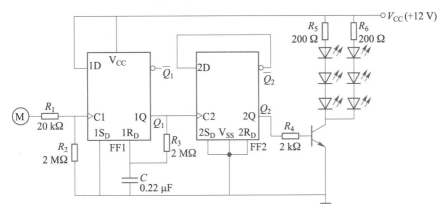

图 18-3-1 D 触发器构成的 LED 触摸灯电路

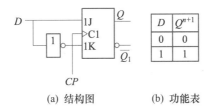

(a) **结构图**   (b) **功能表**

图 18-3-2 D 触发器的结构与功能

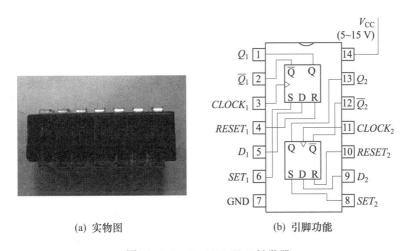

(a) **实物图**   (b) **引脚功能**

图 18-3-3 CD4013 双 D 触发器

3.触摸灯工作原理

图 18-3-1 所示电路的前级构成一个单稳态触发器，后级构成双稳态触发器。

M 为触摸电极片，手指摸一下 M，使人体杂波信号加入 CP 端 3 脚，在其上升沿 FF1 触发器被触发，由于输入端 1D 接高电平，故被触发后其输出 $Q_1=1$，此高电位经 R_3 向 C 充电，使 4 脚即 $1R_D$ 端的电位上升，当上升到复位电位时，FF1 触发器复位，1Q 脚恢复低电位，为下次触发作准备。

所以每触摸一次电极片 M，1Q 端就输出一个固定宽度的正脉波。

此正脉波将直接加到 11 脚即双稳态电路的 C2 端，使双稳态电路反转一次，其输出端 2Q 即 13 脚电位就改变一次。当 13 脚为高电位时，三极管导通，发光二极管发光。

由此可见，每触摸一次电极片 M，就能使 LED 亮灭转换一次。

★ **任务实施**

1. 电路布局布线

根据触摸灯原理图画出其布局布线图，如图 18-3-4 所示。

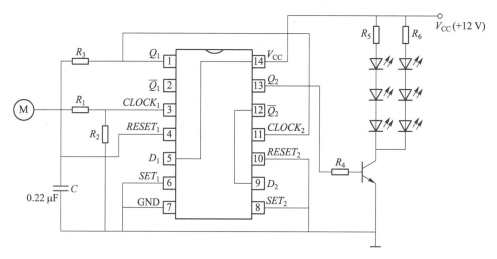

图 18-3-4 触摸灯电路布局布线图

2. 元器件选择及电路安装

电路正常情况下，手触摸电极片 M 一次，LED 的发光情况变化一次，如图 18-3-5 所示。

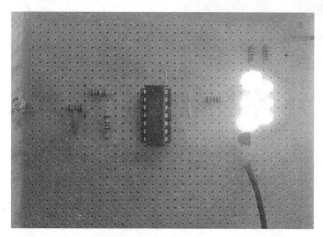

图 18-3-5 手触摸电极片 M 一次，LED 的发光情况变化一次

★ 知识问答

1. 图 18-3-1 中若不接 R_3、C 回路，会出现什么情况？

答：若不接这一回路，电路将只被触发一次，以后手无论触摸触电极片 M 多少次，D 触发器的输出保持高电平不变，灯的状态也将不变。

2. 如果手较长时间触摸电极片 M，会出现什么情况？

答：如果手长时间触摸电极片 M 不放，可能出现电容 C 充电至复位电压，输出 1Q 复位后再次被触发的情况，导致 LED 发光状态的翻转。

任务 4 用 *JK* 触发器制作四路输入抢答器

★ 任务目标

1. 学习集成门电路、触发器的应用。
2. 会根据电路原理图绘制安装线路图。

★ 任务描述

根据图 18-4-1 所示电路原理图制作四路输入抢答器。

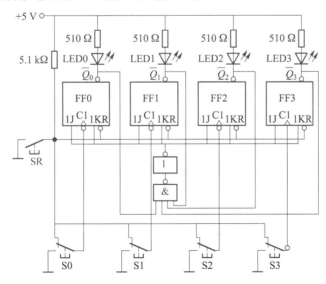

图 18-4-1 四路输入抢答器电路

★ 任务分析

图 18-4-1 所示电路共有 5 个按钮，其中 SR 为主持人清零按钮，另外 4 个为选手抢答按钮，主持人按下清零按钮后，各 JK 触发器输出 $Q=0$，$\overline{Q}=1$。同时经与非门反馈后，输入至各 JK 触发器的 J、K 信号都为 1，这时，若有任何一位选手先按下按钮，则对应触发器输入 CP 下降沿。如 S1 按钮被按下，则 FF1 被触发，输出 $Q=1$，$\overline{Q}=0$。对应的指示二极管亮，表示此人抢答成功，同时经与非门反馈后，输入至各 JK 触发器的 J、K 信号都为 0，此后再按任何按钮，输入 CP 脉冲，输出状态不变 。直到主持人再按 SR 清零按钮，输出全部清零，输入信号 J、K 也回复到 1，准备下一次抢答。

★ 任务实施

1．本任务所需芯片

由抢答器的原理图可知，它有 4 个独立的下降沿触发 JK 触发器，需 2 块 74LS112 芯片。另外，电路中需一个非门和一个 4 输入与非门，可用一块双 4 输入与非门 CD4012 解决。74LS112 和 CD4012 芯片的引脚排列如图 18-4-2 所示。

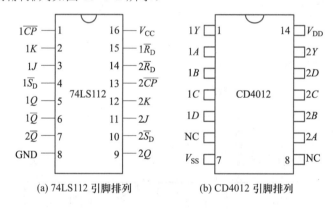

(a) 74LS112 引脚排列　　　　　(b) CD4012 引脚排列

图 18-4-2　74LS112 与 CD4012 芯片的引脚排列

2．电路布局布线

根据原理图与芯片引脚设计电路的布局布线图，如图 18-4-3 所示。

3．电路安装

根据电路布局布线图确定集成芯片底座位置，注意留下足够的布线空间。确定主要元件位置后，焊接安装。由于电路复杂，跳线在所难免。

4．性能测试

安装完成后，不要急于测试，先根据电路原理图、布局布线图仔细检查，看有无错焊、漏焊，有无虚焊、焊点粘连等情况。在确定无上述及无短路等情况后，通电测试，注意 74 系列集成芯片的电源电压一般为 5V，不能过高。

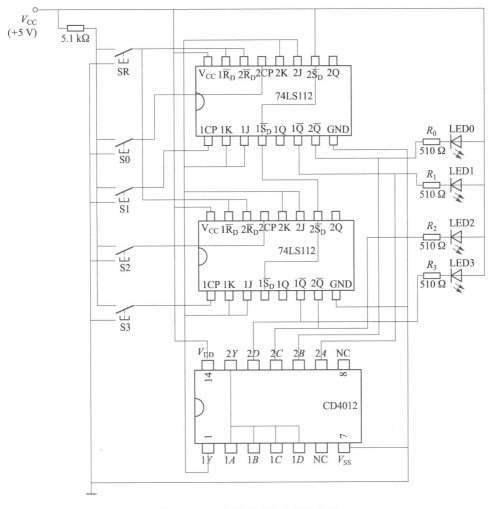

图 18-4-3　抢答器电路布局布线图

如图 18-4-4 所示，若电路功能正常，应能看到按下 SR 按钮清零后，按 S0～S3 间的任何按钮，对应的 LED 发光，之后再按其他按钮无效，直至再次按下 SR 后，又可抢答。

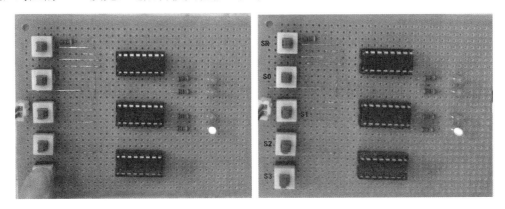

图 18-4-4　按下 S3 按钮后，LED3 发光，之后再按其他键盘无效

★ 知识问答

1. 在 LED0 亮时，74LS112 的 2 脚与 3 脚电平情况怎样？

答：74LS112 的 2 脚与 3 脚是触发器的 J、K 输入端，LED0 亮说明已经有人抢答，故 CD4012 输出低电平，74LS112 的 2 脚与 3 脚转为低电平，不再接受 CP 信号。

2. 按一次 SR 清零按钮，74LS112 的 1～7 脚电平情况如何？

答：按一次 SR 清零按钮，各 JK 触发器的输出 $Q=0$，输入 J、K 都为 1。

74LS112 的 1 脚为 CP 脉冲输入端，无脉冲输入时为 1；2 脚、3 脚 J、K 输入端为 1；4 脚低电平置 1 端，其接高电平 1；5 脚输出 Q 端为 0；6 脚输出 $\overline{Q}$ 端为 1；7 脚 GND 端为 0。

项目 19

时序逻辑电路设计

任务 1　计数译码流水灯

★ 任务目标

1. 了解计数器的基本原理。
2. 掌握集成计数器芯片 74LS161 的工作原理及应用。
3. 培养综合运用各种基础逻辑电路的能力。

★ 任务描述

利用计数器、译码器完成图 19-1-1 所示流水灯的制作。

★ 知识准备

能累计输入脉冲个数的数字电路称为计数器，计数器在数字电路中有着广泛应用，除用作计数外，还可用于分频、定时、测量等。

计数器种类很多，按进位制不同，可分为二进制计数器、十进制计数器、N 进制计数器；

按计数值增减，可分为加法计数器、减法计数器；按触发器转换时刻不同，可分为同步计数器、异步计数器。

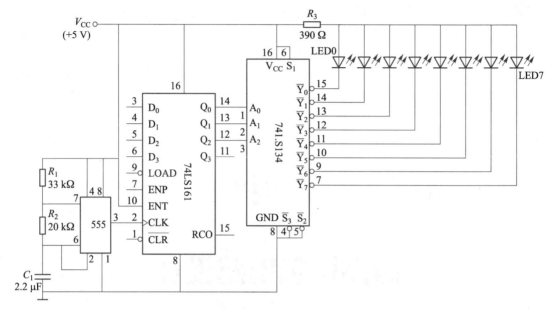

图 19-1-1　计数译码流水灯电路

1．4 位异步加法计数器

如图 19-1-2 所示，4 位异步加法计数器由 4 个 JK 触发器串接而成，图中各触发器的 J、K端都为高电平，各触发器 $\overline{R}_D$ 端连接在一起，作为计数器的直接复位输入信号。计数脉冲加到最低位触发器 FF0 的 C1 端，其他触发器的 C1 端依次受低位触发器的输出 Q 控制。采用下降沿触发，在复位端输入一个负脉冲，$Q_3Q_2Q_1Q_0$=0000，清零后，复位端回到高电平，如图 19-1-3 所示。

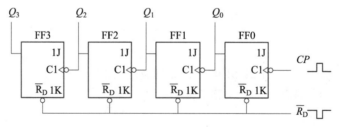

图 19-1-2　4 位异步加法计数器电路

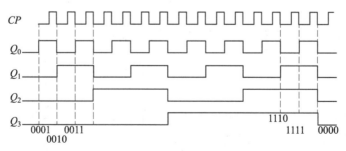

图 19-1-3　4 位异步加法计数器工作波形图

当第 1 个 CP 脉冲作用后，$Q_3Q_2Q_1Q_0$=0001，第 2 个脉冲后为 0010，第 15 个脉冲后为 1111，第 16 个脉冲后又回到 0000。

异步加法计数器的特点是前一级的输出同时作为后一级的 CP 脉冲，因此各触发器的状态更新是逐级进行的，所以工作频率不能太高。

2. 4 位同步二进制加法计数器

如图 19-1-4 所示，4 位同步加法计数器各级触发器受同一 CP 控制，各触发器状态更新也与时钟同步，故称为同步计数器。

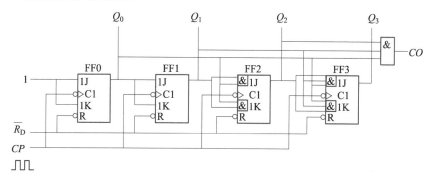

图 19-1-4 由 JK 触发器构成的 4 位同步二进制加法计数器

其中最低位 FF0 的输入 $J=K=1$，故来一个 CP 脉冲下降沿，触发器状态翻转一次。

第 2 位 $J=K=Q_0$，故当 $Q_0=1$ 且来一个 CP 脉冲下降沿时，触发器状态翻转一次。

第 3 位 $J=K=Q_1Q_0$，故当 $Q_1=Q_0=1$ 且来一个 CP 脉冲下降沿时，触发器状态翻转一次。

最高位第 4 位 $J=K=Q_2Q_1Q_0$，故当 $Q_2=Q_1=Q_0=1$ 且来一个 CP 脉冲下降沿时，触发器状态翻转一次。

CO 是溢出指示，当 $Q_3=Q_2=Q_1=Q_0=1$ 时，$CO=1$。

同步计数器的缺点是电路结构较异步计数器复杂，需要增加一些输入控制电路，优点是计数脉冲 CP 同时作用于各个触发器，所有触发器的翻转是同时进行的，因此其工作速度一般要比异步计数器高。

3. 集成计数器 74LS161

74LS161 为可预置的十六进制同步计数器，也就是说它只能计 16 个数，从 0000～1111（0～15），到 15 之后就回到 0。74LS161 具有异步清零和同步预置数的功能。

（1）74LS161 引脚排列及其功能（如图 19-1-5 所示）

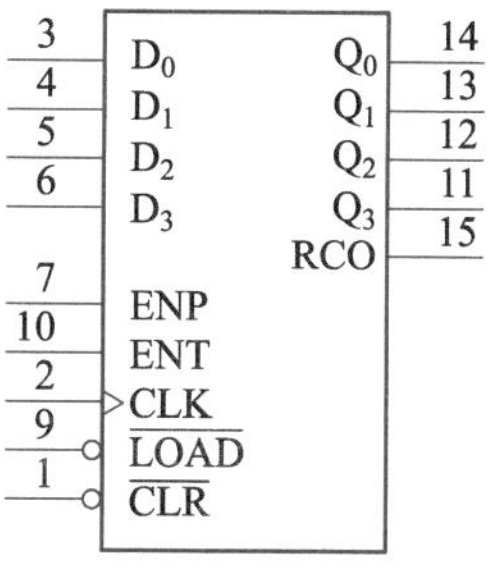

图 19-1-5 74LS161 引脚功能

$D_0 \sim D_3$ 置数端

$Q_0 \sim Q_3$ 输出端

RCO   进位输出端

ENP   计数控制端

ENT   计数控制端

CLK   时钟输入端

$\overline{CLR}$ 清零端（低电平有效）

$\overline{LOAD}$ 同步并行置入端（低电平有效）

（2）74LS161 的四种工作状态

① 清零：当 $\overline{CLR} = 0$ 时，$Q_0 = Q_1 = Q_2 = Q_3 = 0$。

② 同步预置：$\overline{LOAD} = 0$ 时，在时钟脉冲 CP 上升沿作用下，$Q_0 = D_0$，$Q_1 = D_1$，$Q_2 = D_2$，$Q_3 = D_3$。

③ 锁存：当使能端 $ENP = ENT = 0$ 时，计数器禁止计数，为锁存状态。

④ 计数：当使能端 $ENP = ENT = 1$ 时，为计数状态。

★ 任务分析

该电路主要由四部分组成，分别为时钟脉冲产生电路、3 位二进制计数电路、3 线-8 线译码器以及二极管显示电路。

其中时钟脉冲电路由 555 振荡电路产生，改变 R_1、R_2 及 C_1 的值可改变计数频率。

74LS161 为同步十六进制计数器，即从 0000 计至 1111，然后又回至 0000，每来一次时钟脉冲的上升沿，计数值增加 1 位。

3 线-8 线译码器由 74LS138 实现，3 位二进制数译码后输出低电平，对应的发光二极管发光。

★ 任务实施

1. 本任务所需芯片

仔细分析电路，特别是掌握集成芯片的功能，各引脚的作用及其在电路中的处理方法。如为使 74LS161 处于计数器状态，需使 $ENP = ENT = 1$，即接高电平。同步并行置入端 $\overline{LOAD}$ 也接高电平。

2. 电路布局布线

根据集成芯片的功能及其在电路中的作用确定芯片的位置摆放，据此设计布局布线图，如图 19-1-6 所示。

3. 元器件选择、电路安装及性能测试

在检查电路无漏焊、虚焊、粘连、布线错误等情况下，接通 5V 电源测试，正常情况能看到 LED 灯从 0 到 7 按顺序发光，如图 19-1-7 所示。如不能正常发光，应根据各功能块分步检查。

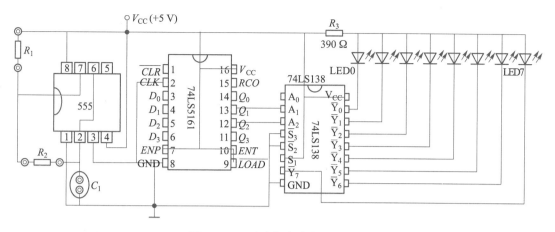

图 19-1-6 流水灯电路布局布线图

图 19-1-7 LED 顺序发光

★ 知识问答

1. 流水灯电路工作时任一时刻有几个灯亮？

答：只有一个灯亮，因为任一时刻 74LS138 的译码输出只有一线处于有效状态。

2. 流水灯流动速度的快慢取决于什么？

答：取决于 555 振荡电路的振荡频率，而这一频率是由 R_1、R_2、C_1 决定的，增大阻值与容量，会使流动速度变慢。

3. 电路中 74LS161 实现的功能是什么？

答：电路中 74LS161 是对输入的时钟脉冲进行十六进制计数，即从 0000 计至 1111，然后又回至 0000 重新计数。

4. 为什么电路中 74LS138 译码器的 $\overline{S_2}$、$\overline{S_3}$ 要接低电平，S_1 要接高电平？

答：因为当 $\overline{S_2}$、$\overline{S_3}$ 均为 0，且 S_1 为 1 时，译码器处于译码状态。

★ 知识拓展

另一种流水灯电路

图 19-1-8 所示电路能实现从 A、B、C、D 四个灯灭到 A 亮、A B 亮、A B C 亮、ABCD 全亮的 5 步循环流动。

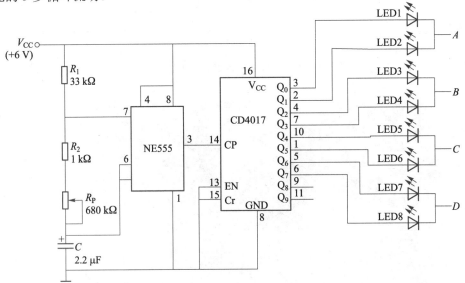

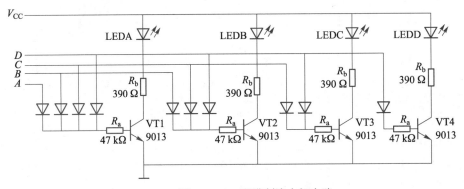

图 19-1-8 五进制流水灯电路

电路前半部分由 NE555 组成的多谐振荡器和 CD4017 十进制计数器 / 脉冲分配器组成。

NE555 组成的多谐振荡器定时地产生脉冲，CD4017 十进制计数器 / 脉冲分配器实现脉冲的循环，当第一个脉冲到来时，Q_0 输出高电平，LED1 点亮，第二个脉冲到来时，Q_1 输出高电平，LED2 点亮……直到 Q_9 输出高电平。完成一个循环输出，接着进行下一轮输出。改变 R_P 大小可改变振荡周期，即灯组流动速度。

电路把 10 路输出合并为 5 路输出，即当 Q_0 或 Q_1 输出高电平时，A 线高电平，当 Q_2 或 Q_3

为高电平时，B 线为高电平，当 Q_4 或 Q_5 为高电平时，C 线为高电平，当 Q_6 或 Q_7 为高电平时，D 线为高电平，当 Q_8 或 Q_9 为高电平时，不接输出，这样就实现了从全 0 到 A、B、C、D 高电平的 5 步输出。

电路后半部分的功能是当 A 线为高电平时，LEDA 亮，当 B 线为高电平时，LEDA 和 LEDB 亮，当 C 线为高电平时 LEDA、LEDB、LEDC 都亮，当 D 线为高电平时，LEDA、LEDB、LEDC、LEDD 都亮，当 Q_8、Q_9 为高电平时，无输出，即所有灯都不亮。这样就实现了从全 0 到 A、B、C、D 四个灯全亮的 5 步循环流动。

任务 2 1 位十进制计数、译码显示电路的制作

★ 任务目标

1. 掌握 D 触发器、计数器、显示译码器的基本原理。
2. 掌握集成芯片 CD4013、74LS160、CD4511 的引脚功能及应用。
3. 掌握综合运用各种基础逻辑电路的能力。

★ 任务描述

完成图 19-2-1 所示 1 位十进制计数、译码显示电路的制作。

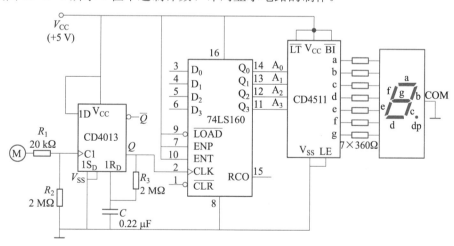

图 19-2-1 1 位十进制计数、译码显示电路

★ 任务分析

该电路的功能是用手每触摸电极片 M 一次，数码显示器读数值就增加 1 位，从 0 至 9，然

后又从 0 开始循环。

该电路主要由四部分组成，分别是由 D 触发器组成的用于产生单次脉冲的单稳态触发器、由 74LS160 组成的十进制同步计数器、由 CD4511 组成的译码单元，最后是七段数码显示器。

1. 单稳态触发器

当手触摸电极片 M 时，输入人体感应杂波，在杂波信号上升沿，D 触发器被触发，输出 $Q=1$，在杂波信号下降沿，D 触发器保持 $Q=1$。

在输出 $Q=1$ 期间，通过电阻 R_3 对电容 C 充电，当电容两端电压达到 R_D 端所需的高电平后，触发器复位，输出 $Q=0$。这就是说每触摸一次电极片 M（虽然 D 触发器被触发多次），单稳态触发器输出一个固定宽度的正脉冲。

2. 十进制同步计数器

集成同步计数器 74LS160 每输入一个 CP 脉冲上升沿，计数器输出 $Q_3 Q_2 Q_1 Q_0$ 计数值增加一位，当增至 $Q_3 Q_2 Q_1 Q_0=1001$ 后，再来一个脉冲则 $Q_3 Q_2 Q_1 Q_0=0000$。

3. 译码显示电路

CD4511 接收来自计数器的输出信号，并把这一信号译成七段数码显示信号，推动数码管发光，显示各种字形。

★ 任务实施

1. 本任务所需芯片

仔细分析电路，掌握集成芯片 CD4013、74LS160、CD4511 的功能，各引脚的作用及其在电路中的处理方法。

2. 电路布局布线

设计电路布局布线图，根据集成芯片的功能及其在电路中的作用确定芯片的位置摆放，据此设计布局布线图，如图 19-2-2 所示。

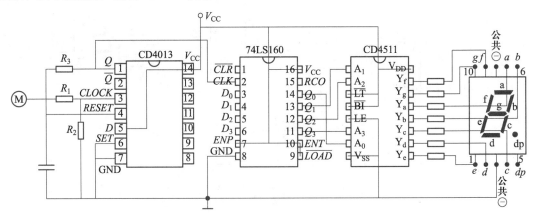

图 19-2-2 1位十进制计数、译码显示电路布局布线图

3. 元器件选择、电路安装及性能测试

在检查电路无漏焊、虚焊、粘连、布线错误等情况下，接通 5V 电源测试，电路正常后，

每触摸一次电极片 M，能看到显示器数值增加 1 位，如图 19-2-3 所示。如不能正常显示，应根据各模块功能分步检查。

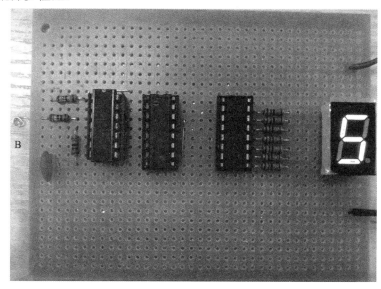

图 19-2-3 手触摸电极片 M 一次，显示器数码增加 1 位

★ 知识问答

1. 如发现用手触碰电极片 M，数码显示器读数值不变，可能是什么原因？

答：可能是 D 触发器 CD4013 没有正常工作，导致其 1 脚无正常脉冲信号输出。也可能是计数器 74LS160 的接线错误使 $ENP=ENT=0$，导致输出 $Q_3 Q_2 Q_1 Q_0$ 被锁存。也有可能是七段数字译码器 CD4511 锁存控制端 LE 误接高电平导致输出被锁存。最大可能是 D 触发器 CD4013 无脉冲输出，一般可分段检查。

2. 电路中的四个模块分别实现什么功能？

答：利用 D 触发器 CD4013 实现手触碰的杂波输入到单脉冲输出的转变；计数器 74LS160 实现从 0000~1001 的十进制计数，七段数字译码器 CD4511 接收来自计数器的输出信号，并把这一信号译成七段数码显示信号，数码管根据接收到的显示信号显示各种字形。

3. 电路中为什么要把 CD4511 的 $\overline{LT}$、$\overline{BI}$ 接高电平？

答：CD4511 的 $\overline{LT}$ 为灯测试输入端，加低电平时，各笔段都被点亮；$\overline{BI}$ 为消隐功能端，低电平时使所有笔段均消隐，因此正常工作时 $\overline{LT}$、$\overline{BI}$ 均应接高电平。

★ 知识据展

1 位五进制计数、译码显示电路

如图 19-2-4 所示，利用十进制计数器的清零功能，当输出 $Q_3 Q_2 Q_1 Q_0$ 为 0101（十进制数 5）时，与非门输出低电平，计数器清零，使数码管显示 0。

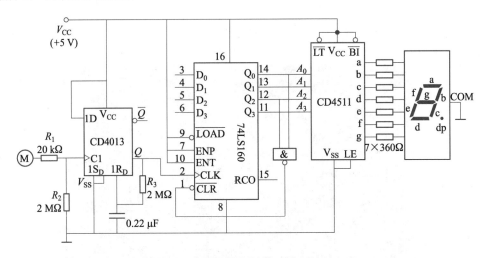

图 19-2-4 1 位五进制计数、译码显示电路

项目 20

综合电路的设计

任务 1　流水灯电路的制作与调试

★ 任务目标

1. 掌握集成运放构成电压比较器的应用。
2. 掌握光电耦合的方式与实际应用。

★ 任务描述

完成图 20-1-1 所示流水灯电路的制作与调试。

★ 知识准备

1. 光电耦合器件

常见的光电耦合器件如图 20-1-2 所示，光电耦合的目的是通过耦合实现信号电气上的隔离，从而提高设备的安全性。

光电耦合器件是把发光器件和光敏器件组装在一起，通过光线实现耦合，构成电—光和光—电的转换器件，如图 20-1-3 所示。当电信号送入光电耦合器的输入端时，发光二极管通过电流而发光，光电三极管受到光照后阻值变小，CE 导通；当输入端无信号时，发光二极管不亮，光电三极管截止，CE 不通。

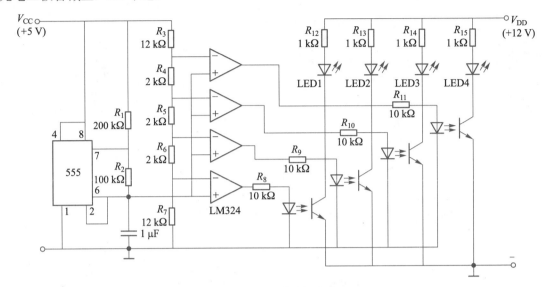

图 20-1-1 流水灯电路

图 20-1-2 常见的光电耦合器件

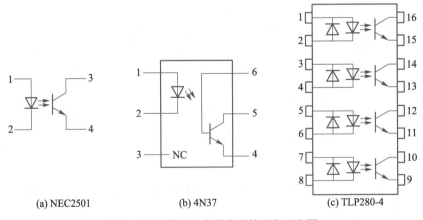

(a) NEC2501　　　　(b) 4N37　　　　(c) TLP280-4

图 20-1-3 常见光电耦合器的引脚示意图

2．LM324 集成运放

该集成芯片内置了 4 个运放，4 脚和 11 脚分别为正、负电源供电端，具体如图 20-1-4 所示。

★ 任务分析

本电路利用 NE555 产生锯齿波，然后利用 LM324 构成的电压比较器对输入电平进行比较

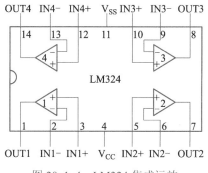

图 20-1-4　LM324 集成运放

输出，再利用光电耦合器 TLP280 实现信号的耦合，最终实现 LED 的递增发光。

为产生缓慢上升、迅速下降的锯齿波，电路增大了 R_1 的阻值，减小了 R_2 的阻值。

NE555 产生锯齿波电压在 $\frac{1}{3}V_{CC} \sim \frac{2}{3}V_{CC}$ 之间变化，电阻 $R_3 \sim R_7$ 分压的目的是为了在 $\frac{1}{3}V_{CC} \sim \frac{2}{3}V_{CC}$ 间实现 5 个电压分级，以实现 LED1～LED4 从全暗到全亮的逐渐变化。

★ 任务实施

1．本任务所需芯片

仔细分析电路，掌握集成芯片 NE555、LM324、TLP280 的功能，各引脚的作用及其在电路中的处理方法。

2．电路布局布线

根据集成芯片的功能及在电路中的作用确定芯片的位置摆放，据此设计布局布线图，如图 20-1-5 所示。

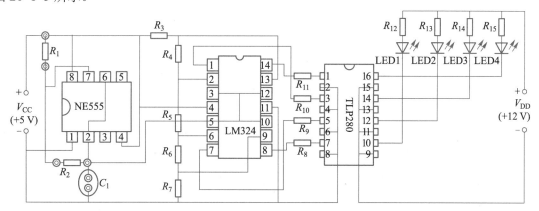

图 20-1-5　流水灯电路布局布线图

3．元器件选择、电路安装及性能测试

图 20-1-6 所示为不带光电耦合的流水灯电路，图 20-1-7 所示为该电路的流水效果。图 20-1-8 所示为带光电耦合的流水灯效果。

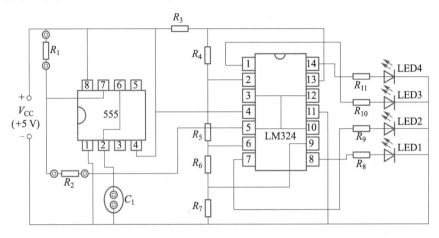

图 20-1-6　不带光电耦合的流水灯电路

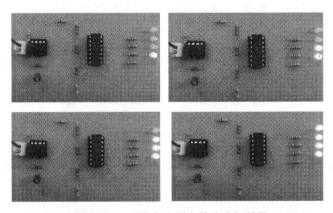

图 20-1-7　不带光电耦合的流水灯效果

图 20-1-8　带光电耦合的流水灯效果

★ 知识问答

1．如何改变发光二极管的流水速度？

答：发光二极管的流水速度由 R_1C_1 决定，增加 R_1C_1 值可减慢锯齿波的上升速度，增加振荡周期，从而减慢流水速度。

2．如何增加发光二极管的阶梯？

答:增加电压比较器的级数，实现电压的精细比较，可增加发光二极管的阶梯。

3．如增加电阻 R_2 的阻值，电路效果有何变化？

答：增加电阻 R_2 的阻值，将使锯齿波的下降沿变缓，使发光二极管从全亮回到全暗的时间变长。

4．电路中光电耦合器 TLP280 有何意义？

答：光电耦合的目的是为了通过耦合实现信号电气上的隔离，此电路更多的是光电耦合的象征意义，实际使用中利用光电耦合可实现对高压大电流负载的控制，如固体继电器内部就是利用光电耦合实现对负载的控制与电气上的绝缘的。

5．有人在做流水灯电路时，发现无四个发光二极管都不亮的时段，这是为什么？

答：这是因为比较器的偏置电阻没选好，导致最低这级比较器反相端电位低于 $\frac{1}{3}V_{\text{CC}}$。

任务 2 流量计电路的制作

★ 任务目标

1．提高综合运用各基础逻辑电路的能力。
2．提高运用电子技术解决实际问题的能力。

★ 任务描述

完成图 20-2-1 所示流量计电路的安装制作。

★ 知识准备

如图 20-2-2 所示，CD4518 是一个同步加计数器，在一个封装中含有两个二-十进制计数器，其功能引脚分别为 1～7 和 9～15。CD4518 计数器是单路系列脉冲输入（1 脚或 2 脚；9 脚或 10 脚），4 路 BCD 码信号输出（3 脚～6 脚；11 脚～14 脚）。

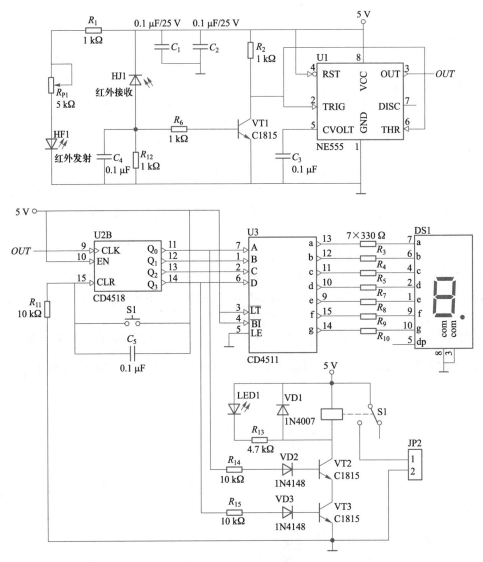

图 20-2-1 流量计电路

CD4518 控制功能：CD4518 有两个时钟输入端 CLOCK（CLK）和 ENABLE（EN），若用时钟上升沿触发，信号由 CLOCK（CLK）输入，此时 ENABLE（EN）端为高电平（1）。若用时钟下降沿触发，信号由 ENABLE（EN）输入，此时 CLOCK（CLK）端为低电平（0），同时复位端 RESET（CLR）也保持低电平（0），只有满足了这些条件时，电路才会处于计数状态，否则无法工作。

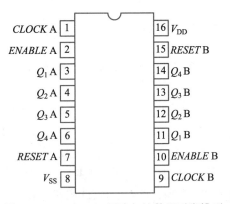

图 20-2-2 CD4518 同步加计数器引脚排列

★ 任务分析

这是一个用来对通过某一区域的物品进行计数并

做适当处理的电路，该电路主要有物品检测、波形整形、计数、显示译码、显示、物品处理等单元组成。其中 HF1 为红外发射管，HJ1 为红外接收管，当有物品经过时，HF1 发出的红外光经物品反射，被 HJ1 接收，三极管 VT1 输出低电平，NE555 时基电路的 3 脚输出高电平。即每通过一物品，CD4518 就接收到一个 CLOCK（CLK）脉冲上升沿，CD4518 对接收到的 CLOCK（CLK）脉冲进行二-十进制计数，其输出 $Q_3Q_2Q_1Q_0$ 又经 CD4511 显示译码，推动显示器 DS1 显示数码。

同时计数器的输出 Q_3Q_1 又去推动三极管 VT2、VT3，其作用是当计数至 1001 时，继电器线圈得电，触点动作，JP2 端口得电，以完成对该项物品的适当处理（如包装）。

★ **任务实施**

1. 元器件检测及电路安装

注意：红外发射管 HF1 与红外接收管 HJ1 为一个组件，安装时不要拆开，也不能把隔离光线的套壳拿掉。

2. 电路性能测试

在检查电路无漏焊、虚焊、粘连、布线错误等情况下，接通 5V 电源测试，如图 20-2-3 所示。

正常情况下，按下按钮 S1，显示数码 0。有物品靠近红外管时，显示器的读数就增大一位，调节 R_{P1} 能改变红外线的接收距离。

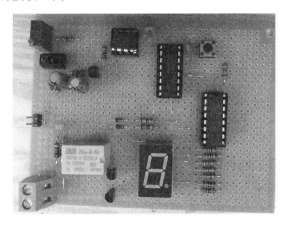

图 20-2-3　流量计电路实物图

★ **知识问答**

1. 电路中 R_1 的作用是什么？

答：R_1 的作用是限流，防止 R_{P1} 为 0 时，发光二极管被短路。

2. 电路中电容 C_4 有什么作用？

答：电容 C_4 有一定的抗干扰作用，由于 C_4 的充放电需要一定的时间，客观上防止了间隔极短的光电信号，从而防止了误触发。

3. 图中 S1 的作用是什么？

答：S1 是清零按钮，当按下 S1 时，CD4518 的 CLR 端输入高电平，强制输出 $Q_3Q_2Q_1Q_0$=0000，显示器显示数码 0，松开 S1 后 CLR 端回至低电平，开始对脉冲计数。

4. 图中 CD4511 的 LE 是什么端？为什么接地？

答：LE 是锁存控制端，高电平时锁存，低电平时传输数据。故为防止数字被锁存，应将该端接低电平。

5. 图中 LED1 何时发光？

答：当 $Q_3Q_2Q_1Q_0$=1001，即数码管显示 9 时，三极管 VT2、VT3 导通，继电器线圈通电，同时 LED1 发光。

6. 当 $Q_3Q_2Q_1Q_0$=0100 时，数码管显示什么数字？

答：数码管显示数字 4。

7. 图中 NE555 及外围电路的作用是什么？

答：由于光电二极管接收到的信号较弱，经三极管放大后的波形不是完整的矩形波，故需 NE555 时基电路来实现波形整形，以产生矩形波，实现对计数器的可靠触发。

任务 3　方波、三角波、正弦波发生电路的安装与调试

★ 任务目标

1. 理解方波、三角波、正弦波发生电路的结构及工作原理。
2. 能正确安装、调试方波、三角波、正弦波的发生电路。
3. 能分析、检测电路可能存在的故障。

★ 任务内容

完成图 20-3-1 所示方波、三角波、正弦波发生电路的安装调试。

★ 知识准备

1. 集成运放的工作区域

（1）线性区

要使集成运放工作在线性区，电路必须构成负反馈。如果运放工作在该区域，则必有两个重要特性，一是运放的输入端不取电流，即"虚断"；二是运放的两个输入端电位相等，即"虚短"。

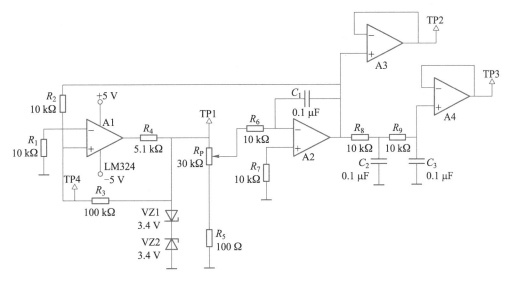

图 20-3-1 方波、三角波、正弦波发生电路

（2）非线性区

当运放开环或引入正反馈时，运放将工作在非线性区，此时虽然输入端电流可以忽略，但两个输入端的电位不一定相同，这是要特别注意的。

2．电压比较器

电压比较器是运放工作在非线性区的典型应用，一种是开环接法，另一种是带有直流正反馈的接法，所以其输出只有两种状态，即高电平或低电平。

（1）过某电平比较器

这类比较器的特点是运放工作在开环状态，即无直流正反馈网络。

图 20-3-2 所示为同相输入过零比较器，当同相输入端的电位低于反相输入端电位时，输出低电平，反之输出高电平。由于反相端接地，故电路构成的是过零比较器。

如图 20-3-3 所示，如果在反相输入端接入一定的参考电平，那就变成过某一参考电平的比较器，如图中调整 R_1、R_2 的比值可以调整参考电平。

（2）滞回比较器

如图 20-3-4 所示，如果引入直流正反馈，可以形成具有一定回线形状传输特性的滞回比较器。

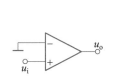

图 20-3-2 过零比较器

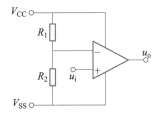

图 20-3-3 过某参考电平的比较器

图 20-3-5 所示是滞回比较器的传输特性，设运放的供电电压为±6V，则当输入电压高于+2V 时，输出为低电平-6V，输入电压低于-2V 时，输出为高电平+6V。

（3）滞回比较器的输入、输出波形

设上述比较器输入电压为 $u_i=3\sin\omega t$ V，则输入、输出波形如图 20-3-6 所示。

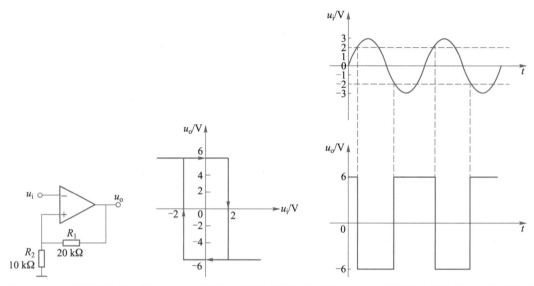

图 20-3-4 滞回比较器 图 20-3-5 滞回比较器的传输特性 图 20-3-6 滞回比较器的输入、输出波形

3．积分电路

积分电路如图 20-3-7 所示，它是通过电容 C 实现负反馈的放大电路，根据运放"虚短"特性可知

$$i_1=\frac{u_i}{R_1} \qquad i_2=\frac{\mathrm{d}Q}{\mathrm{d}t}=C\frac{\mathrm{d}u_O}{\mathrm{d}t}$$

又由"虚断"特性可知

$$i_1=-i_2$$

即

$$\frac{u_i}{R_1}=-C\frac{\mathrm{d}u_O}{\mathrm{d}t}$$

得

$$u_O=-\frac{1}{R_1C}\int u_i\mathrm{d}t$$

若输入 u_i 为某一定值，运放工作在线性放大区，则

$$u_O=-\frac{u_i}{R_1C}t$$

积分电路输入、输出波形关系如图 20-3-8 所示。

要注意的是积分电路的条件，即电路必须工作在线性区，如输入某一直流电压，输出电压能够反方向一直增加吗？这当然是不可能的，原因是输出电压受到供电电压的影响不可能一直增加，电容的负反馈也不可能一直存在，故最后电路成为一过零比较器。

4．电压跟随器

如图 20-3-9 所示，由同相比例运放可知

$$u_O = (1 + \frac{R_F}{R_1}) u_i$$

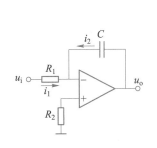

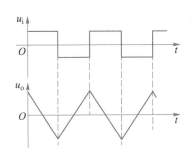

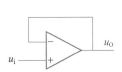

图 20-3-7　积分电路　　图 20-3-8　积分电路输入、输出波形关系　图 20-3-9　电压跟随器

若　　　　　　　　　　　$R_f = 0$　　　　$R_1 \rightarrow \infty$

则　　　　　　　　　　　　　　$u_O = u_i$

这就是电压跟随器，电压跟随器具有输入电阻大、输出电阻小的特点，可提高带负载能力。

★ 任务分析

图 20-3-1 所示电路中，运放 A1 构成的是过零比较器，其同相输入端高于 0V 时输出高电平，反之输出低电平。A2 构成积分器，当输入某一高电平时，输出呈线性下降。当输入为某一低电平时，输出呈线性上升。

若 A1 同相输入端大于零，则其输出为高电平，其中一路经 R_3 正反馈至输入端，另一路输入至 A2，经 A2 积分后，同样按比例反馈至 A1 的同相输入端，在这两个反馈信号的共同作用下，输入至 A1 同相输入端点 TP4 的波形如图 20-3-10（c）所示，当该输入电压低于 0V 时，A1 的输出立即翻转至低电平。

当 A1 输出低电平时，经 R_3、R_2 正反馈，使 A1 同相输入端电平更低，同时另一路输入至 A2，经 A2 积分后按比例反馈至 A1 的同相输入端，使该点电位逐渐上升，当该输入电压高于 0V 时，输出又立即翻转至高电平。

如此通过比较器与积分器首尾相接的正反馈系统，可产生方波、三角波。图 20-3-10 为图 20-3-1 所示电路中 TP1、TP2、TP4 三点的电压波形，电路波形的转折点为运放 A1 同相输入端的过零点。

TP2 点的波形经 R_8、C_2、R_9、C_3 滤波后，可实现三角波转换成正弦波。A3、A4 为电压跟随器，以提高输出的带负载能力。

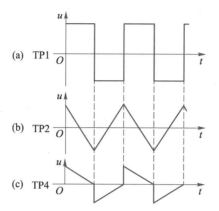

图 20-3-10 方波、三角波发生电路各级的波形

★ 任务实施

1. 元器件准备与检测

具体元器件参数见图 20-3-1 所示电路。

2. 电路布局布线

根据电路原理图合理设计布局布线图，设计时注意尽量减少跳线，如图 20-3-11 所示。

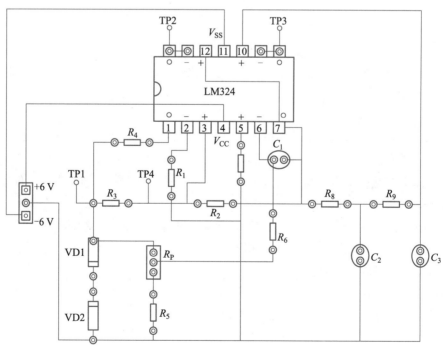

图 20-3-11 波形发生电路布局布线图

3. 电路安装

安装时应注意元器件的型号、方向，并注意防止虚焊、粘连等情况。波形发生电路实物图

如图 20-3-12 所示。

图 20-3-12　波形发生电路实物图

4．电路功能测试

对组装的电路进行通电前检查，确保电路焊接正确，无虚焊、粘连，元器件安装方向正确，并用万用表测量电源输入端电阻。

（1）在确认电路连接无误后接入电源，用示波器测量 TP1、TP2、TP3、TP4 点的波形，如图 20-3-13、图 20-3-14 所示。

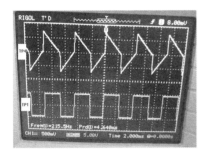

图 20-3-13　TP4、TP1 点的波形

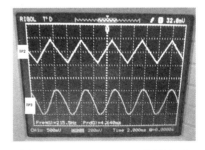

图 20-3-14　TP2、TP3 点的波形

（2）调节 R_P，使输出信号的频率为 500Hz，再测量 TP4 点的波形。

★　知识问答

1．本任务中为什么采用双级大回环方式产生方波与三角波，而不是前级独立地先产生方波再转变为正弦波？

答：采用大回环方式可确保 A2 在三角波输出阶段，同相比较器 A1 过零点，从而使波形不发生失真。若前级独立地产生方波，则非常可能使后级 A2 电路不符合积分条件，从而无法输出三角波。

2．调节 R_P 在电路中有何作用？

答：调节 R_P 可以调节积分电路的时间常数以及输入信号的幅度，从而改变三角波的斜率，实现对波形周期的控制，即调节 R_P 可以调节方波与三角波的频率。

3. 如何使三角波上升的速率小，而下降的速率大？

答：图 20-3-1 所示电路中，减小稳压管 VZ1 的稳压值，增加稳压管 VZ2 的稳压值，可以使矩形波正向输出幅度增大，反向输出幅度减小，从而使三角波的下降速率加快，上升速率减小；其波形效果如图 20-3-15 所示。

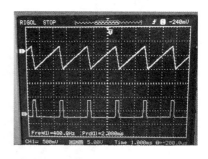

图 20-3-15 增加稳压管 VZ2 稳压值后的波形效果

任务 4 热释电红外开关

★ 任务目标

1. 熟悉热释电红外处理芯片 BISS0001，并能运用该芯片制作热释电红外开关。
2. 提高运用电子技术解决实际问题的能力。

★ 任务描述

完成图 20-4-1 所示热释电红外开关电路的制作。

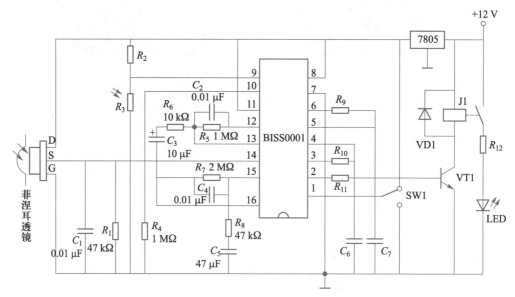

图 20-4-1 热释电红外开关电路

★ 知识准备

1. 热释电红外传感器

热释电红外传感器如图 20-4-2 所示，一般由传感探测元件、干涉滤光片和场效应管匹配器三部分组成。

图 20-4-2　热释电红外传感器

在自然界，任何物体的温度高于绝对温度（−273℃）时都将产生红外光谱，不同温度的物体，其释放的红外能量的波长是不一样的，因此红外波长与温度的高低有关。人体有恒定的体温，一般约在 37℃，所以会发出特定波长 10μm 左右的红外线，而探测元件的波长灵敏度在 0.2～20μm 范围内几乎稳定不变。

热释电红外传感器在传感器顶端开设了一个装有滤光镜片的窗口，这个滤光片可通过光的波长范围为 7～10μm，正好适合于人体红外辐射的探测，而对其他波长的红外线由滤光片予以吸收，这样便形成了一种专门用作探测人体辐射的红外线传感器。

红外感应源通常由两个串联或者并联的热释电元件组成，这两个热释电元件的电极相反，环境背景辐射对两个热释电元件几乎具有相同的作用，使其产生的热释电效应相互抵消，输出信号接近零。一旦有人侵入探测区域内，人体红外辐射通过部分镜面聚焦，并被热释电元件接收，由于角度不同，两片热释电元件接收到的热量不同，热释电能量也不同，不能完全抵消，经处理电路处理后输出控制信号。

热释电红外传感器在结构上引入了场效应管，其目的在于完成阻抗变换。由于热电元件输出的是电荷信号，并不能直接使用，因而需要用电阻将其转换为电压形式，故引入的 N 沟道结型场效应管应接成共漏形式来完成阻抗变换。

2. 热释电红外处理芯片 BISS0001

BISS0001 是一款具有较高性能的传感信号处理集成电路，它配以热释电红外传感器和少量外接元器件构成被动式的热释电红外开关，能自动快速开启各类用电装置，特别适用于各类敏感区域、安全区域的自动灯光、照明和报警系统。

热释电红外开关的作用相当于一个单稳态触发器，BISS0001 输出延迟时间 T_x 就是暂态的维持时间，触发封锁时间 T_i 指的是前一次触发后在一定时间内不再接收外界的触发信号。

BISS0001 是由运算放大器、电压比较器、状态控制器、延迟时间定时器以及封锁时间定时器等构成的数模混合专用集成电路，其实物图及引脚排列如图 20-4-3 所示，芯片内部框图如图 20-4-4 所示，各引脚功能见表 20-4-1。

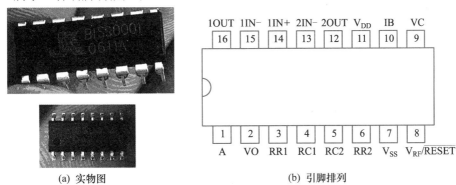

(a) 实物图　　　　(b) 引脚排列

图 20-4-3　热释电红外处理芯片 BISS0001 实物图及引脚排列

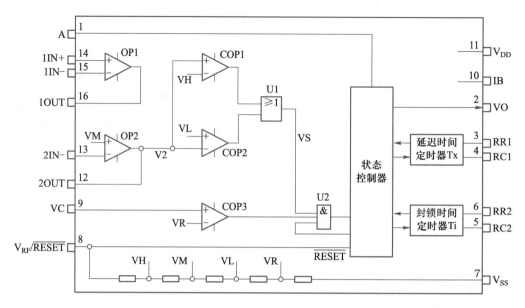

图 20-4-4 热释电红外处理芯片内部框图

表 20-4-1 BISS0001 引脚功能

引脚	名称	I/O	功能说明
1	A	I	可重复触发和不可重复触发选择端。当 A 为 "1" 时，允许重复触发；反之，不可重复触发
2	VO	O	控制信号输出端。由 VS 的上跳变沿触发，使 VO 输出从低电平跳变到高电平时视为有效触发。在输出延迟时间 T_x 之外和无 VS 的上跳变时，VO 保持低电平状态
3	RR1	--	输出延迟时间 T_x 的调节端
4	RC1	--	输出延迟时间 T_x 的调节端
5	RC2	--	触发封锁时间 T_i 的调节端
6	RR2	--	触发封锁时间 T_i 的调节端
7	V_{SS}	--	工作电源负端
8	V_{RF}	I	参考电压及复位输入端。通常接 V_{DD}，当接 "0" 时可使定时器复位
9	VC	I	触发禁止端。当 $V_C<V_R$ 时禁止触发；当 $V_C>V_R$ 时允许触发($V_R≈0.2V_{DD}$)
10	IB	--	运算放大器偏置电流设置端
11	V_{DD}	--	工作电源正端
12	2OUT	O	第二级运算放大器的输出端
13	2IN-	I	第二级运算放大器的反相输入端
14	1IN+	I	第一级运算放大器的同相输入端
15	1IN-	I	第一级运算放大器的反相输入端
16	1OUT	O	第一级运算放大器的输出端

★ 任务分析

热释电红外开关的电路原理如下。

如图 20-4-5 所示，本电路构成的是相当于楼道照明灯的电路，主要由热释电红外传感器和少量外接元器件构成。传感器将接收的红外信号转化为电信号，传至 BISS0001 的 14 脚。利用运算放大器 OP1 组成传感信号预处理电路，将信号放大，从 16 脚输出，然后耦合给运算放大器 OP2，再进行第二级放大，注意在第二级放大中基准电压被抬高至 $V_M(\approx 0.5V_{DD})$。

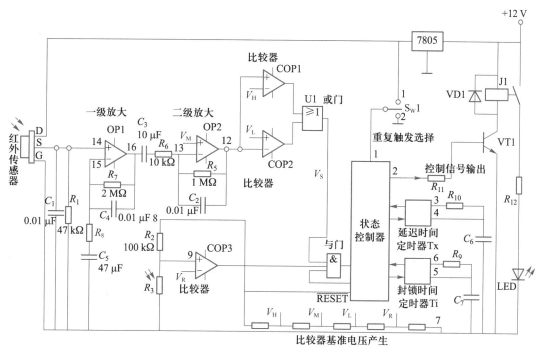

图 20-4-5 热释电红外开关部分电路原理图

比较器 COP1 和 COP2 的基准电平 V_H 及 V_L 由电阻分压得到，运算放大器 OP2 的输出信号 V_2 送到由比较器 COP1 和 COP2 组成的双向鉴幅器，检出电平高于 V_H 及电平低于 V_L 的有效信号，即幅度大于 V_H-V_L 的有效触发信号 V_S，以提高系统的抗干扰性。

COP3 是一个条件比较器，当输入电压 $V_C<V_R(\approx 0.2V_{DD})$ 时，COP3 输出为低电平，封住了与门 U2，禁止触发信号 V_S 向下级传递；图中 R_3 为光敏电阻，用来检测环境照度。当作为照明控制时，若环境较明亮，R_3 的电阻值会降低，使输入 COP3 的输入端 9 脚保持为低电平，即 $V_C<V_R$，从而封锁触发信号 V_S。若环境较暗，9 脚为高电平，则触发信号 V_S 可向下级传递。

SW1 是工作方式选择开关，当 SW1 与 1 端连通时，输入 1 脚的为高电平，芯片处于可重复触发工作方式；当 SW1 与 2 端连通时，输入 1 脚的为低电平，芯片则处于不可重复触发工作方式。

输出延迟时间 T_x 由外部的 R_{10} 和 C_6 的大小调整，触发封锁时间 T_i 由外部的 R_9 和 C_7 的大小调整。

★ **任务实施**

1. 元器件选择、检测及安装
元器件具体参数如图 20-4-1 中标注。安装时应注意元器件的型号、极性方向，并注意防止虚焊、粘连等情况发生。

    2．电路功能测试

    电路功能正常时，在光敏电阻无光照、热释电红外传感器接收到人体移动红外信号后，应能点亮发光二极管，具体点亮时间长短由 R_{10}、C_6 决定，传感器的灵敏度可通过调节运放一级、二级的放大倍数来实现。

★ 知识问答

    1．为使热释电红外传感开关在白天也能正常工作，应如何处理？
    答：此时无需光敏电阻 R_3，直接把 9 脚接高电平就可。
    2．若需增大热释电红外开关的感应距离，需如何处理？
    答：可增大运放一级、二级的放大倍数。如适当增大 R_7、R_5 的阻值。
    3．若用此开关控制楼道灯，要人经过时使楼道灯的亮灯时间延长，需怎么处理？
    答：需增大输出延迟时间 T_x，即可适当增大 R_{10} 和 C_6 的值。

★ 知识链接

常见的热释电红外传感实用电路

    图 20-4-6 所示为实际用在交流电路中的热释电红外开关电路，交流电经降压整流稳压后给集成块供电，热释电红外传感器接收到的信号经 BISS0001 处理，由 2 脚输出推动三极管 VT，再控制普通继电器，电路中 R_{P1} 可调整环境光照感应灵敏度。

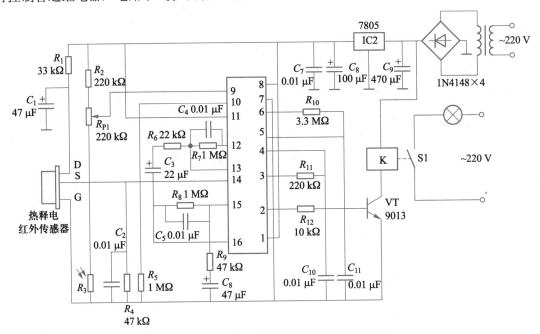

图 20-4-6   交流电路中的热释电红外开关电路

图 20-4-7 所示为固态继电器输出的热释电红外开关电路，这个电路采用的是固态继电器控制。R_{P1} 为人体感应灵敏度调节电阻，R_{P2} 为环境光照感应灵敏度调节电阻。

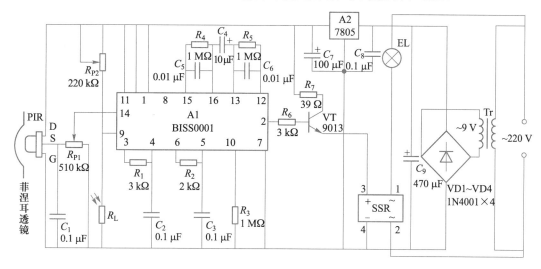

图 20-4-7　固态继电器输出的热释电红外开关电路

电路经适当改进后可用于各类报警系统。

任务 5　六路电子抢答器的制作

★ 任务目标

1. 学习利用 51 系列单片机作为主控制器的六路抢答器的制作，初步了解单片机在逻辑控制电路中的应用。
2. 提高综合运用各基础模块的能力。
3. 为后续的单片机学习打下基础。

★ 任务描述

完成图 20-5-1 所示六路电子抢答器电路的安装制作。

★ 任务分析

这是一款利用 51 系列单片机作为主控制器的六路电子抢答器，当系统工作后，六路抢答者中只要有一人按下抢答键，系统的数码管便显示按键者的编号，同时扬声器中响起音乐声，表示抢答成功。同时，系统将对按下者进行锁存，其他按键者将不能响应，以便公平地选择第一个抢答者。当确定了抢答成功者后，裁判只要按下复位键，系统便停止音乐声，返回到抢答状态，进行下一轮抢答。

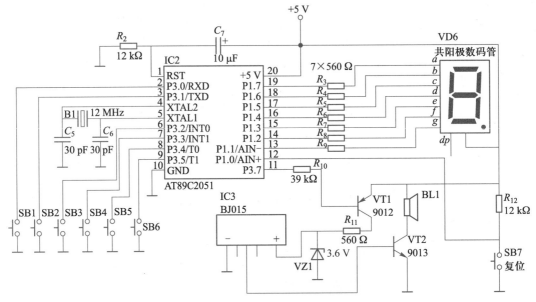

图 20-5-1　六路电子抢答器电路

由六路电子抢答器的电路原理图可知，电路选用 51 系列单片机中的简易型产品 AT89C2051 作为中央处理器。系统六路抢答输入，1 路复位输入，需占用单片机 7 个 I/O 端口，同时系统需推动一只七段数码管，占用 7 个单片机的 I/O 口，另需一个端口用于控制音乐电路工作，这样，共需 15 个 I/O 端口。由于这款单片机的 I/O 作为输出时，具有较大的吸收电流能力，因此可以选用共阳极数码管，这样由单片机的 I/O 就可以直接驱动，能简化硬件电路的设计。

电路中 P3.0～P3.5 为抢答输入端口，P1.0 为主持人复位输入端口，P1.1～P1.7 为数显输出端口，P3.7 为音乐控制端口，当 P3.7 输出低电平时，VT1 导通，音乐集成芯片通电工作，其输出音频信号推动 VT2，使扬声器发声。另 20 脚、10 脚分别接 5V 电源和地，4 脚、5 脚外接 12MHz 晶振，作为单片机的时钟脉冲。1 脚为高电平复位端，在单片机通电瞬间，1 脚获得高电平复位，随着 C_7 的充电，1 脚回复至低电平。

相对于用普通逻辑电路设计的抢答器，用单片机进行其硬件设计会简洁得多。一般地说，逻辑要求越复杂，单片机的优势就越明显，这就是说，要学好电子技术，最终一定要学好单片机。具体单片机的内容参考相关课程，这里不做介绍。

★ 任务实施

1. 元器件选择

元器件具体型号、参数见电路图 20-5-1 中标注。

2. 系统程序的设计

本任务中的单片机程序设计将作为后续课程学习的内容，此处不做详细讲解。

3．硬件电路的制作与调试

（1）显示电路的制作

将 $R_3 \sim R_9$ 及共阳极数码管焊接好，再将 20 脚的集成电路插座焊接上，这样此部分电路就制作完成了。

（2）音乐电路的制作

音乐集成芯片是 CMOS 电路，容易受到静电冲击而损坏，焊接时动作要快，时间过长容易损坏器件，并可能导致铜皮脱落。在焊接音乐电路时，先用剪下来的电阻引脚将音乐片上标有 B、E 处及电源正端引出，然后再焊到线路板上，如图 20-5-2 所示。

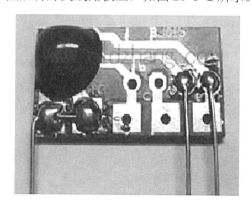

图 20-5-2　音乐电路实物图

4．整机调试

将烧录好程序的 AT89C2051 芯片插到插座上，注意方向不要插错。所有元件全部制作完成后（如图 20-5-3 所示），接上电源，电源指示灯亮，按动六路抢答开关中的任何一路，音乐响起，同时数码管显示相应的抢答开关号。抢答成功后，按下复位键，系统返回抢答状态，若不按键，则 30s 后自动返回抢答状态。

图 20-5-3　六路电子抢答器实物图

★ 知识问答

1. 该电路正常工作时单片机 1 脚电位为多少？

答：电路正常工作时单片机 1 脚电位是 0V，只在单片机通电瞬间，1 脚获得高电平复位，随着 C_7 的充电，电压都加在电容两端，1 脚回复至低电平。

2. 电路中的音乐集成芯片何时获得电源？

答：当单片机 P3.7 口输出低电平时，三极管 VT1 导通，经 R_{11} 与 VZ1 降压后，音乐集成芯片获得 3.6V 电压。

3. 若抢答时有人先按下 5 号按钮，电路有何反应？

答：若抢答时有人先按下 5 号按钮，P3.4（8 脚）口输入低电平，P1.7、P1.5、P1.4、P1.2、P1.0 口输出低电平，发光二极管 $acdfg$ 段发光，显示数字 5。同时其他输入通道被封死，后面的人再按下其他按钮无效，只有当主持人按下 SB7 按钮后，电路才恢复抢答状态。